JN046464

小児病棟における動物介在療法の効果に関する介入研究

小児がん患者を対象にＡＡＴ（アニマルアシステッドセラピー）を実施し、その前後に唾液を採取したところ、オキシトシンを示す数値の上昇がみられました。

今日も
院内散歩しましょうね…
と自己紹介

いつも
来てくれて
ありがとう…

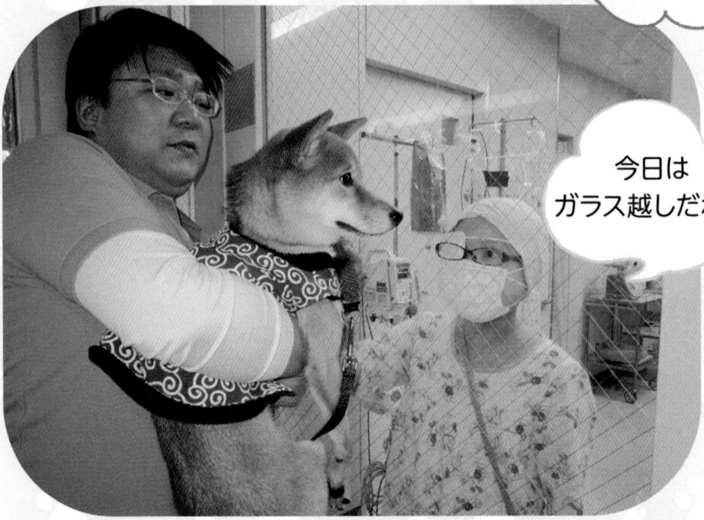

来てくれた

今日は
ガラス越しだね

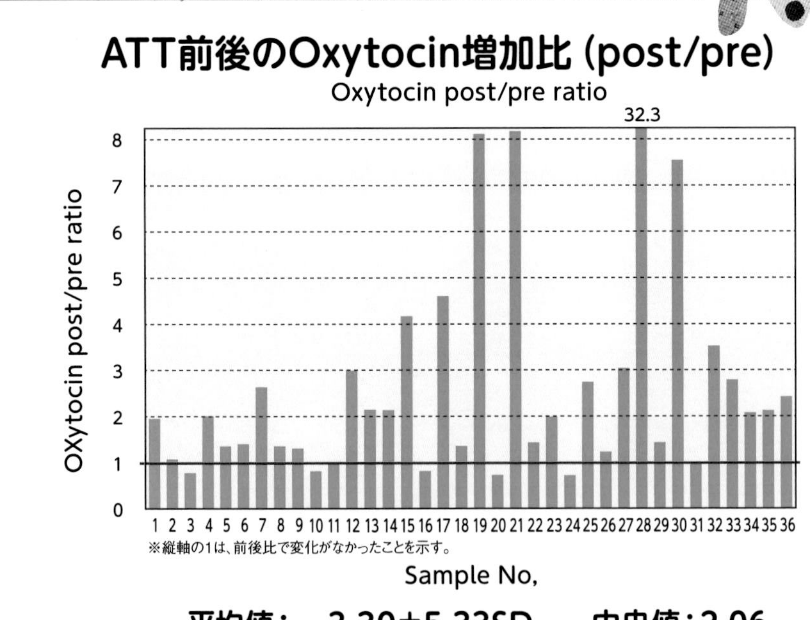

オキシトシンは「幸せホルモン」、「愛情ホルモン」と言われています

（千葉県こども病院血液腫瘍科病棟）

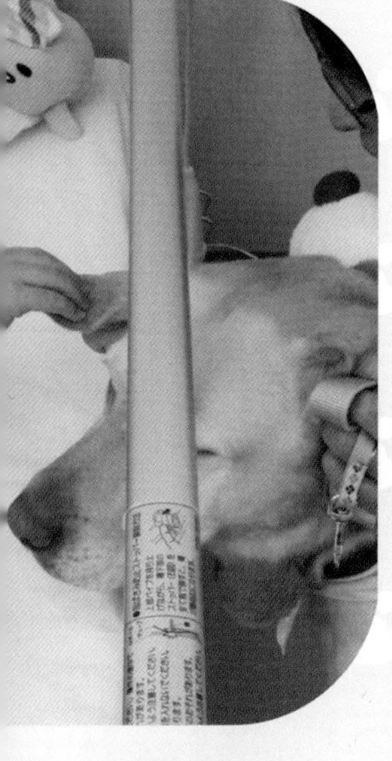

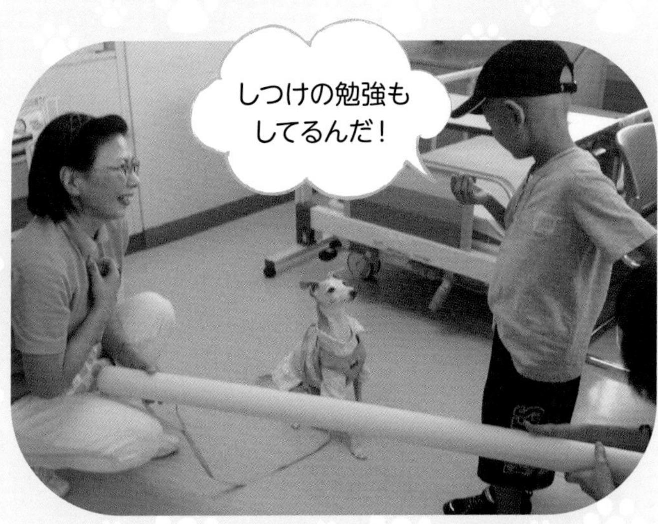

男女別・ATT前後のOxytocin増加比（post/pre）

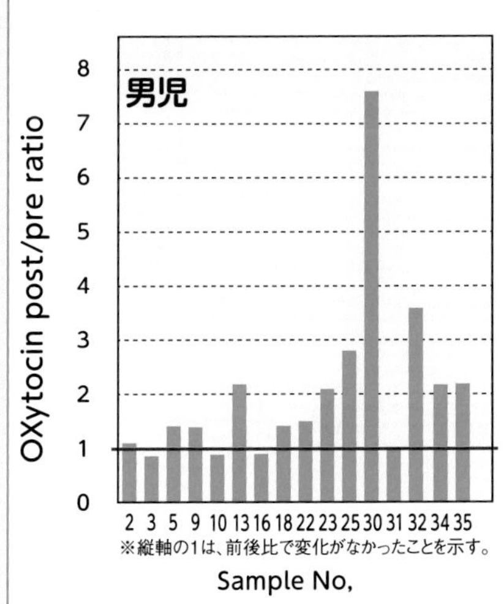

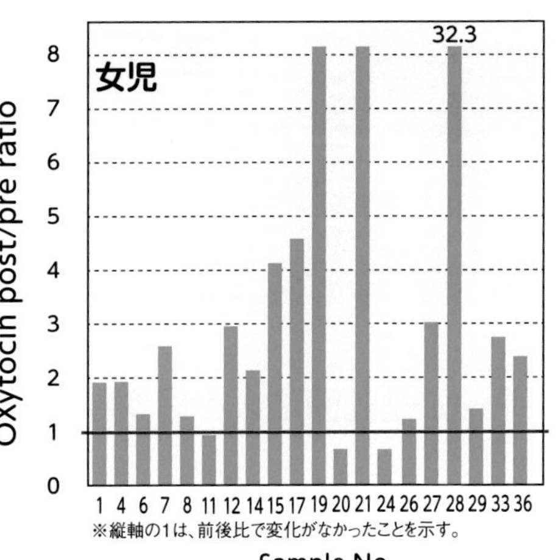

※縦軸の1は、前後比で変化がなかったことを示す。

Sample No,

※縦軸の1は、前後比で変化がなかったことを示す。

Sample No,

平均値：2.05±1.65SD、中央値：1.46

平均値：4.30±6.92SD 中央値：2.34

アニマルセラピーの前後に唾液を採取したところ、オキシトシンを示す数値の上昇がみられました

公益社団法人　日本動物病院協会　CAPP チーム

ペットを飼うと良いことがいっぱい！

ペットがもたらす健康効果

“国内外の科学論文のレヴューから考える”

【編著】人と動物の関係学研究チーム

もくじ

はじめに

ペットが持つ素晴らしい力は、多くの人が体験しています。我が家でも、子どもが公園で偶然に出会った柴犬のリーちゃんと 18 年間共に過ごしました。その思い出は尽きませんが、子どもの心が豊かに育ったのだとしたらリーちゃんを抜きには語れません。

その後、ペットフード協会の石山会長より世界的な研究機関である英国ウォルサムペット研究所から体系的な部外秘である貴重な文献を見せていただきました。私たち家族の体験としては理解していた犬の力ですが、科学的エビデンスとして体系立てて明確になっていることには驚嘆したものです。部外秘文献を「私の机上に意図的に忘れて」いってくださった石山恒会長には心よりの感謝をいたします。

一刻でも早く、多くの関係者、とりわけ健康にかかわる関係者との共有を図るべきと考え、報告書だけではなく出版する運びとなりました。

英国ウォルサムペット研究所から提示していただいた体系的な文献は 100 論文以上あり、論文の分量がとても多く、谷口先生や小林先生や山本先生のご支援により、分担して翻訳していただきました。柴内先生には、我が国では先駆的で貴重となる、小児病棟におけるペット介在療法の効果に関する介入研究結果をまとめていただきました。また、子どもと高齢者に関する世界の先進的な文献の総括については、山本先生と小林先生に担当していただきました。

藤原佳典先生と西村亮平先生には研究をまとめる際に適切なコメントをいただきました。

念願であったペットが人の健康や生活にもたらす影響をより多くの皆様と共有できることを願って体系的な本としてまとめることができました。皆様、本当にご苦労様でした。心から感謝いたします。

なお、本書の主な出典には、英国ウォルサムペット研究所の文献を中心に、2019 年までの直近 4 年間の世界中の優れた研究論文も含めました。それと同時に、我が国で報告された、ペットと人の健康に関する研究論文も追加しており、国内外の研究論文を体系的にまとめたものとなっています。

世界の研究と比較すると、我が国での調査研究はまだまだですが、今後は、我が国においても先進国のような優れた調査方法を用いて、より科学的なエビデンスが蓄積される契機となることを願っています。

本書では、子どもや高齢者に対するペットの役割、健康への影響、ストレスや痛みの緩和だけではなく、発達障害をもつ子どもたちへの精神的影響、障がい者にとっての介在療法、アレルギー・免疫学的な影響について紹介しました。他にも、ペットを飼うことでより健康長寿に連動すること、医療機関への受療行動が減少し、結果的には医療費が安定するといったことについても含めています。

今後は、我が国において、より多くの皆様にペットがもたらす様々なメリットを幅広く共有していただきたく、より多くの人々がペットを飼育することを心から願いたいと思います。そして、より多くの皆様がペットとの共生を体験され、癒やされるだけではなく、特に子どもたちの心の成長促進や高齢者の認知症の改善などのために、ペットと共に暮らすことができる環境が整うことを切に希望いたします。本書が、そのための一助となることを心から期待したいと思います。

最後になりましたが、ご支援いただきました皆様、研究資金面も含めてご支援いただきました、多くの皆様、何よりも、読者に丁寧に分かりやすくまとめて本書を創り上げていただきました社会保険出版社の皆様の献身的なご努力本当にありがとうございました。心よりの感謝を申し上げて、初めの言葉とさせていただきます。

研究会を代表して

東京都立大学名誉教授、放送大学客員教授　星　旦二

序文
人と動物の関係学ー成長する学問分野

人と動物の関係学（アンスロズオロジー）は、人間と動物の相互関係（Human Animal Interaction, HAI）を研究する比較的新しい学問分野である。私がこの分野への取り組みを始めたのは、1979 年という早い時期だった。それから 30 年以上が経過した現在、人と動物の関係学が独創的で素晴らしい多くの研究成果に支えられ、躍動的な発展期といえる状況にあることを報告できるのは嬉しいことである。

振り返ってみると、この学問分野は成熟の過程で多くの障害に直面してきた。人と動物の関係学に関する研究は困難が多い。ペットを飼っている人と飼っていない人を比較しようとすれば否応なく、因果関係という問題に直面することになるからである。例えば、ペットを飼っている人と飼っていない人の健康状態に差が認められるのは、ペットが要因といえるのか？ペット飼育者の健康状態が優れていることは、ペットを飼おうと思う人に共通する何らかの未知の要因と関連しているのか？また、ペット飼育や動物介在療法の価値を従来の研究手法で実証することも難しいのである。

この分野の研究では、臨床研究で“ゴールドスタンダード”とされる二重盲検プラセボ対照試験を実施することが明らかに不可能であるし、比較のために適切な対照集団を設定することもきわめて難しい。確立された学問分野の多くは、比較的整然とした知識や理論

体系、および定義づけが明確な試験方法に支えられている。それに対し、人と動物の相互関係（HAI）の研究は、動物の交わりは人間にとって有益だろうという考えに基づいて始められ、著しく異なった分野の科学者や研究者を魅了し、多方面からの概念や理論や研究方法が適用された。このような特徴は、我々研究者にとって魅力的であり、やりがいがある一方、より成熟し確立された分野の視点からは、問題の焦点が定まらず厳密性が不十分であると思われるかもしれない。このような曖昧さや厳密性の欠如こそが、人と動物の相互関係（HAI）分野の研究による知見が医療分野に浸透する速度を遅らせている理由であろうと考えられる。

動物とのかかわりによって得られる利益はなぜ生まれるのかを適切に証明することが、この分野の学問ではできなかった。幸い、哺乳類における個体同士の触れ合いに関する最近の研究で、人と動物のきずな（ボンド）が形成される過程にはオキシトシンやアルギニン - バソプレッシンと呼ばれるホルモンが大切な役割を果たしている可能性が示唆され、その観点から、その“きずな”が、ストレスにさらされた際に我々が衰弱するのを和らげたり防いだりしてくれるだろうと推測されている。

いわゆる“ヒューマン・アニマル・ボンド”の生物学的根拠を解き明かすためには、今後もこの分野において多くの研究が必要である。こうした取り組みが、動物介在療法によって得られる治療効果の一部を説明することに役立つと思われる。オキシトシンの作用を脳のレベルで明らかにするための研究では、このホルモンによって

被験者に信頼感や応諾性が誘導されることが明らかにされている。ほとんどのカウンセリングや治療に際して、信頼感と応諾性の両方が必要とされることが前提であることを考慮すれば、治療の補助手段として動物を取り入れる価値を説明できるかもしれない。

これまでアンスロズオロジーの分野の発展に最も大きな障害となってきたのは、研究資金の全般的な不足であろう。生物医学領域の研究が成功していることを示す指標は、査読された論文が水準の高い科学雑誌に掲載されることであり、また政府機関である研究支援機構から長期間にわたって研究資金の援助を受けられることである。

人と動物の相互関係（HAI）の研究分野は、当初よりペットフード業界からの研究資金提供（それらはありがたいが不安定な資金であった）に支えられてきた。この分野の成長が、資金援助なくしては達成できなかったことは確かであろう。しかし、限られた研究資金を企業による短期間の援助に依存してきたことで、研究の種類や目的が制限され、重要な知見が得られた場合でもその信頼性が疑われる事態が生じ、若い研究者たちの意欲が削がれてきたのも事実である。現在では、人と動物の相互関係（HAI）の研究が納税者からの支持に値することが暗黙のうちに公認されるようになり、それゆえに最近になって英国ウォルサムペット研究所と米国ユニス・ケネディ・シュライバー国立小児保健発育研究所との官民パートナーシップが樹立されたことはきわめて画期的で、この分野に新たなチャンスがもたらされた刺激的な出来事といえる。

この後の各項目で考察されているとおり、非常に重要ないくつもの疑問が解決されないまま残されていることは明らかである。人の健康と動物に関して、特定の人とペットにおける関係性が、他の組み合わせと比較して利益が多かったり逆に少なかったりするのはなぜなのか、という謎を明らかにするには、長期的な前向き研究を実施する必要がある。言い換えるなら、人と動物の関係性が成熟することなくペットが飼育放棄や安楽死処分に至ったり、またはシェルターへ捨てられたりする事例がある一方で、動物の死後、長い時間を経過しても飼い主がペットロスからなかなか立ち直れないといった事例があるのはなぜだろうか。こうした人と動物の関係性の違いは、その関係性から得られる利益の違いにも何らかの関わりがあるのだろうか？また、個々の動物にみられる気質や行動の違いが、愛着の強さや持続性に影響を与えるのだとしたら、それはどのようなものだろうか？

これらの疑問に対する解答を求めることは、ペットを単純に肯定的もしくは否定的に特徴づけて割り切ることを超えた議論へと進める助けになるだろう。例えばペットを、万能薬としてとらえるか、逆に社会的な寄生体あるいは質の劣る人間関係の“代用品”としてとらえるかといった議論から、ペットと飼い主というユニークな結びつきが持つ利点と欠点の両方における微妙な関係を理解するための議論へ、といった具合にである。またペットを飼育することで得られる健康上の利益は、飼い主の生涯にわたって積み重ねられるものであり、多くの試験で行われているような短期間の観察では解答を見出すことが困難である可能性があることを考慮すべきである。

人間の成長に関してペットが果たす役割も、これまで以上に注目に値する。その例として、ペットを飼育することによって子供が共感性や社会性を獲得する過程に好影響があらわれることを多くの研究が示している。しかし、このような好影響が全ての子供たちに見られるのか、その好影響が年齢、性、環境など他の要因によって左右されるのかどうかについては明らかではない。

ペットの存在を介して、思春期前の女子が子育てに対する興味を特に強く覚えるようになることに関しては進化的理由付けがなされている。しかし、思春期前の女子達が動物と相互関係を持つことによる発達上の恩恵を、他の子供たちより大きく、より持続的に受けられるか否かについては検討の余地が残されている。

最後に、これまで報告されている人と動物の相互関係（HAI）研究のほとんどはヨーロッパや北アメリカにおいて実施されたものである。これらの地域では、人々のペットに対する接し方や、ペットとの相互関係が世界の他の地域とは全く異なっている可能性も考えられる。この本でも強調されているように、さまざまな文化圏の中で、人と動物の相互作用の類似点や相違点を研究する必要がある。

人と動物の関係学は、多くの困難な問題が存在していたにもかかわらず発展し続け、今や興奮に満ちた新しい時代に入ろうとしている。この重要な時期に出版されることとなったこの本には多くの情報が盛り込まれており、この分野への最先端の入門書となっているだけでなく、将来の方向を探るための有効な道しるべともなってい

る。このようなきわめて簡潔にして読み応えのある入門書が完成したことに対して、著者の先生方に感謝を申し上げたい。

ジェームス・サーペル博士、ペンシルバニア大学獣医学部教授兼動物と社会の関係研究センター所長

人と動物の関係学研究チームの紹介

本研究会の目的は、人とペットとの関係性として、とりわけ健康維持に関係した国内外の先行研究をレビューするとともに、様々な介入研究による人とペットの健康増進にかかわる調査研究を総括することです。そのことによって、人とペットとの真の共生を模索し、望ましい関係性を探り、ペットの普及に寄与することです。

■研究会総括

星 旦二

福島県立医科大学を卒業し、竹田総合病院で臨床研修後に、東京大学で医学博士号を取得。東京都衛生局、厚生省国立公衆衛生院、厚生省大臣官房医系技官を併任。英国ロンドン大学大学院留学。現職は東京都立大学（都市政策科学）名誉教授、放送大学客員教授。研究テーマは生涯現役研究、健康規定要因に関する研究。生活習慣と健康に関する研究。専門は公衆衛生学、健康政策学、予防医学。

●研究委員

谷口 優

秋田大学大学院医学研究科修了。医学博士。東京大学大学院医学系研究科客員研究員。東京都健康長寿医療センター研究所研究員を経て、現職は国立研究開発法人国立環境研究所、環境リスク・健康研究センター主任研究員。

山本 和弘

日本獣医生命科学大学獣医学科公衆衛生学教室にて助手を務めたのち、カリフォルニア大学デイビス校にて獣医博士課程を卒業。その後、国際 NGO や大阪府の動物病院での勤務ののち、現職は帝京科学大学アニマルサイエンス学科准教授。

研究委員

小林 真朝

聖路加看護大学看護学部卒業後、行政保健師として勤務。同大学大学院看護学研究科博士後期課程を修了（看護学博士）。現職は聖路加国際大学大学院看護学研究科公衆衛生看護学准教授。看護師、保健師、日本公衆衛生学会認定専門家。

柴内 裕子

日本大学農獣医学部獣医学科卒業後、同付属家畜病院研究員となり、アイソトープ研究室助手。その後赤坂動物病院を設立。1995年に（公社）日本動物病院協会の第4代会長に就任し動物介在活動（教育・療法）、CAPP（コンパニオン　アニマル　パートナーシップ　プログラム）活動をスタートさせる。

藤原 佳典

北海道大学医学部卒業後、京都大学医学部附属病院老年科等において勤務。京都大学大学院医学研究科修了（医師・医学博士。）東京都老人総合研究所地域保健部門研究員やジョンズホプキンス大学加齢健康研究所訪問研究員を経て、現職は東京都健康長寿医療センター研究所社会参加と地域保健研究チーム研究部長。

西村 亮平

東京大学農学部畜産獣医学科を卒業後、東京大学大学院農学系研究科獣医学専攻（農学博士）、東京大学農学部助手、東京大学農学部助教授を経て、米国ミシガン州立大学獣医学部小動物臨床科学客員助教授。現職は東京大学大学院農学生命科学研究科教授。

英国ウォルサムペット研究報告をもとにした動物介在療法の人間に対する効果・役割

英国ウォルサムペット研究をもとに、海外などの最新動向をみてみよう

英国ウォルサムペット研究の目的は、ペット飼育による人間への健康効果について、国内外の調査研究成果を総合的にレビューすることにより、世代別に分け健康面のデメリットも含めて総括することであり、今後のペット活用を推進させていくための科学的な基礎資料として、専門家と共に、市民の方にもわかりやすくまとめることを主眼としています。

人と動物との関係学（anthropology）は、人間と動物との相互間形成（Human　Animal　Interaction）を研究する学問であり、飼育動物は多岐で豊富であることから、この本では、主として犬と猫と人との健康面での関係性に関する研究論文の中で総説論文と原著論文を扱うことにしました。

文献は、米国国会図書館が運営するMEDLINEと、我が国の国立国会図書館が運営するcinii そして、我が国の医学中央雑誌に報告されている犬猫ペットと人間の健康に関する、主として過去10年間に報告された最新研究を収集して解析しました。さらに、英国ウォルサムペット研究所がまとめた100余りの研究論文を参照し、その主要な成果をまとめました。

序章
ペット飼育の実態

日本におけるペット（犬猫）の飼育率は減少傾向にあります

近年、日本は急速な少子高齢化が進んでいます。日本の人口と犬猫のペット数を比較すると 15 歳未満人口（1,533 万人）（総務省統計局　我が国の子どもの数　2019）よりも多く、65 歳以上人口（3,588 万人）（総務省統計局　人口統計 2019）よりも少なくなっています。

また、全国犬猫飼育実態調査（2019）によれば、日本国内におけるペットの数は犬で 880 万頭、猫は 978 万頭であり、犬においては前年度より 1.2% 減少し、ネコにおいては 1.3% の増加となっています。なお、2017 年に初めて猫の飼育頭数が犬の飼育頭数を上回っております。

現在、日本国内の飼育世帯率は犬が 12.6%、猫は 9.7%となっています。

世界と比較すると、ペット（犬猫）の飼育率は米国の 1/3 で、まだまだ低い

一方、米国おけるペットの飼育率を見ると、米国では 68%の世帯で何らかのペットが飼育されています。ペット飼育者を人口割合で比較すると、日本では犬が 7.0%、猫は 7.5%、それに対して米

国では犬が21.5%、猫は22.7%となっています。このように、日本における犬猫の飼育率は米国の1/ 3程度にすぎません。欧米諸国ではペットの飼育率が高く、それに伴いペットと人の健康について極めて大きな役割が報告されております。今後は、ペットと子ども、そして高齢者との深遠な関係を「社会的傾向・現象」として捉え、日本の未来像を「人とペットが真に共生する社会」として描いていく必要があります。

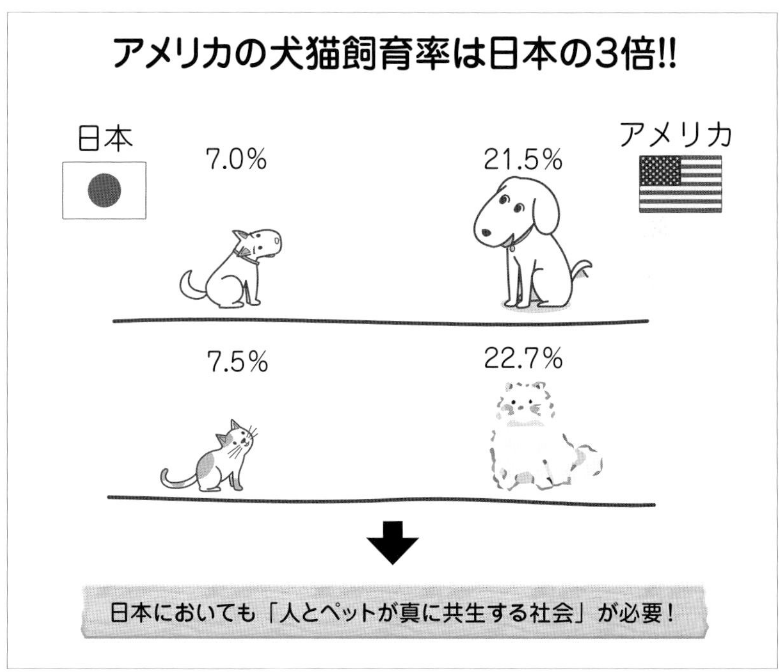

子どもの数及び割合の推移

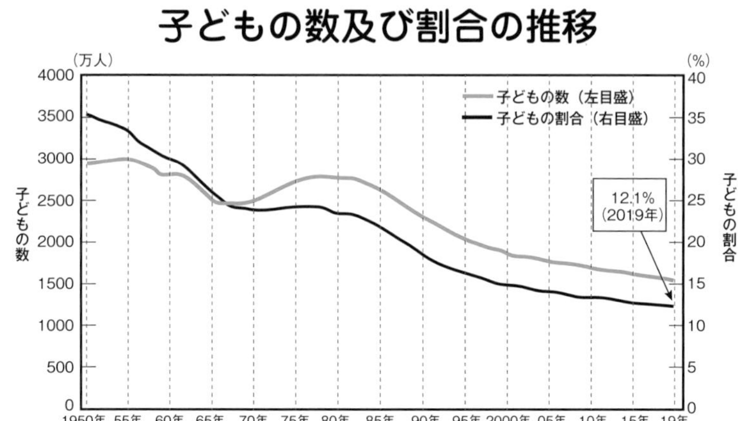

資料：「国勢調査」及び「人口推計」
注）2018年および2019年は4月1日現在、その他は10月1日現在
出典：総務省統計局ホームページ

高齢者人口及び割合の推移（1950 年～2040 年）

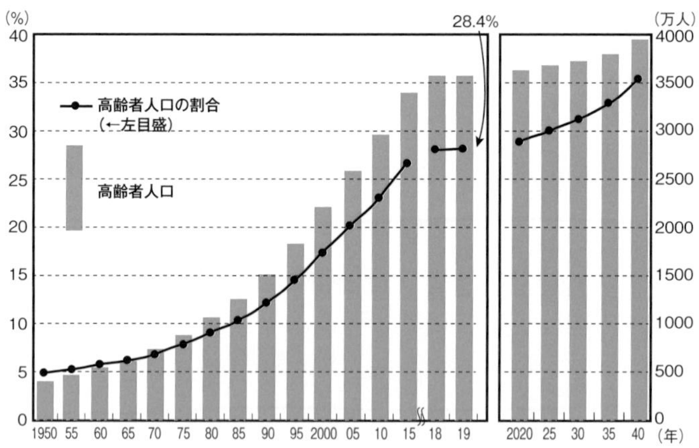

資料：1950年～2015年は「国勢調査」、2018年及び2019年は「人口推計」
2020年以降は「日本の将来推計人口（平成29年推計）」出生（中位）死亡（中位）推計
（国立社会保障・人口問題研究所）から作成
注1）2018年及び2019年は9月15日現在、その他の年は10月1日現在
2）国勢調査による人口及び割合は、年齢不詳をあん分した結果
3）1970年までは沖縄県は含まない。
出典：総務省統計局ホームページ

第1章 ペットが子どもの健康や成長に果たす役割

第1節 子どもたちの心の成長に果たす役割

子どもの成長過程にペットがいること その良い影響は古くから知られている

子どもが成長する時期にペットが家庭にいると、子どもは優しく、強く、健やかに育つことは、すでによく知られています（1：Purewal ら 2017）。

子どもの成長過程にペットが果たす役割については 1980 年代から科学的に検証されていますので、それらを成長段階別にみてみましょう。

幼少期に思いやりの心を育て 認知機能を発達させるペットの存在

まず、幼少期に関する研究結果をみてみましょう。ペット飼育による幼稚園児の知能指数や思いやりとの関係について、ペットを飼っている子どもと飼っていない子どもを比較した研究（2：Poresky 1990）があります。その結果、ペットを飼っているかど

うかは、知能の向上を示す知能指数にはさほど関係がありませんが、思いやりの心はペットを飼育する子どもの方がより強く育まれ、そのことは周囲の子どもたちにも影響することがわかりました。

さらに、保育園児 12 人に対して、クラスに本物の犬を置いた場合と、ぬいぐるみの犬を置いた場合を比較した実験結果（3：Gee ら 2010）もみてみましょう。本物の犬が同室していると、子どもたちは犬に触ったり、話しかけたりして親密な関係が生まれます。すると子どもたちに自ら目的を達成しようという気持ちが生まれて、先生があまり指導をしなくても良いという結果が出ました。このような反応は、ぬいぐるみを置いた場合にはありませんでした。

本物の犬は、子どもたちに挨拶をして回ったり、能動的に行動したりするので、教室内に良いムードを作ります。結果として、保育園の教室内に犬がいると、子どもたちの考える力や理解力、判断力などが活性化され、発達することが証明されました。そして、先生から子どもたちにいくつかの作業を指示したとき、その場に犬がいる場合と、人がいる場合と、ぬいぐるみがいる場合とで子どもたちの様子を比べると、犬がいる場合には、子どもたちが先生の指示によく従うこともわかりました（4：Gee ら 2009）。

学童期に動物への友情や思いやりの感情を育み人に対しても思いやりを持てるようになる

次に、学童期や思春期に関する研究結果をみてみましょう。

イギリスでは、ペットの社会的・精神的な位置関係について興味深い結果があります（5：McNicholas と Collis 2001）。イギリス・ミッドランドに住む７歳〜８歳の小学３年生 22 人を対象に、人や

動物が描かれたカードの中から好きなカードを 10 枚選ばせて、選んだカードの絵からイメージを広げて物語を創作させました。その結果、ペットとの関係は人との関係よりも大切にされており、特に犬や猫は、精神的な支えとなっていることがわかりました。また、子どもたちが抱えている問題にさらに深く入り込み、子どもたちの悩みを解消したり、やわらげたりする力を持っているということも示されました。

イギリスの横断研究によると（6：Hawkins ら 2017)、ペットを飼育する子どもたちには、動物に対する友情や思いやりの感情が育まれ、こうした感情面の成長は、ペットとの関わりが強いほど大きいという結果が出ています。スコットランド地方に住む 7 歳～12 歳の子どもたち 1,000 人以上を対象に行われた調査では、子どもたちはペットを愛し（80％)、ペットがいると幸せで（83％)、ペットは最愛の親友で（76％)、いなければ寂しく（62％)、自分が不機嫌なときにペットはそれに気付いている（52％）と答えています。さらに詳しく調査すると、子どもたちがペットへの愛情が深まった場合、さらにペットの世話をするようになり、友人にも親密に接するようになって、人に対する思いやりも育まれるということがわかりました。そして、ペットと過ごす期間が長くなると、動物に対してより思いやりのある行動ができるようになるという結果も出ています。

思春期の自尊心と責任感を高め 社会的な適合力が早い段階で生まれる

米国ミシガン州で10歳～14歳の思春期の子どもがいる285の家族（うち89.4%にペットの飼育経験あり）を対象に行った研究（7：Covertら1985）では、思春期の子どもはペットを飼育していると自尊感情（自信）を得やすく、飼育しているのが犬の場合、特にその傾向が強くみられました。他にも、犬、馬、魚、鳥を飼育すると、責任感が強くなるということもわかっています。

また、クロアチアの小学4年生～8年生を対象に行ったアンケート調査（8：Vidovićら1999）では、犬を飼っている子どもたちは飼っていない子どもたちよりも思いやりがあり、社会的背景が良好で、ペットへの愛情が強いことがわかりました。中でも、猫の飼い主はペットに対する愛情が強く、ペットへの愛情が強い子どもは思いやりが深く、社会への適応力が著しく発達していることもわかりました。ペットへの愛情は、男の子よりも女の子の方が強く、年齢は低い方が強くみられ、ペットの種類別では、犬と猫を飼っている子どもで強い愛情がみられました。結果として、低学年からペットを飼育するとより心の成長につながり、社会的な適合力も早くから育つことがわかりました。

さらに、前出のミシガン州の調査（7：Covertら1985）では、ペットを飼ったり、ペットを失ったりしたことで、影響を受けたと答えた子どもは約9割に達しました。ペットがいる家庭は経済的に豊かで、多くの場合、子どもと両親の関係は良好です。ペットがいる

ことでストレスは軽くなり、子どもたちの自尊心や責任感も育まれるということから、思春期の子どものいる家庭でペットを飼うことは、大きな利益をもたらすといえるでしょう。

ペットとの死別を経験することは「命は永遠ではない」ことを学ぶ尊い機会

一般的に、ペットの寿命は15年で、長くても約20年前後です。愛するペットと共に過ごす中で、多くの子どもたちはペットの死を思春期に迎えることになりますが、これにもまたメリットがあると考えられます。核家族化により、子どもたちは身近な人の死をめったに体験しません。思春期にペットの死を迎えることは、愛する家族の一員を失うという悲しい体験ではありますが、death education（死の受容と望ましい対処のための準備教育）として「命は永遠ではない」ということを学ぶための貴重な機会と捉えることもできます。

動物を飼育することは子ども自身の精神面や情緒的な成長と安定につながる

このように、子どもたちにとってペットの果たす役割は大切です。子どもたちはペットに対し、人間同士以上の親近感を抱きます。幼いころから動物を飼い、触れ合うことは、子どもたちに動物を思いやる心や周囲の人へ配慮する心を育み、ひいては子ども自身の心に情緒的な成長と安定をもたらすことを科学的に証明しています。

ペットが子どもの成長過程で子どもの心の成長に果たす役割

幼少期
- 人に対する思いやりが育まれる
- 考える力や理解力、判断力などが活性化される

➡

学童期
- 人に対する思いやりが育まれる

➡

思春期
- 自尊心や責任感が育まれる
- 社会的な適合力が発達する

第2節 子どもたちの身体の成長に果たす役割

成人の場合、ペット飼育による身体的機能への効果は実証済み

成人の場合、ペットを飼育するようになると外出する機会が増え、心肺機能が向上し、身体的な健康状態があらゆる面で維持されることが、いくつもの研究で科学的に証明されてきました（9：Headey ら 2002、10：Headey ら 2008）。

ペットを飼育することが人の健康を維持して、国全体の医療費削減にも大きく貢献しています（9:Headey ら 2002）。しかし、ペットを飼育している家庭の子どもに、どのような身体的影響を与えているかという報告は、これまで多くはありませんでした。

ペット飼育は、子どもたちの活動時間の増加に伴う肥満予防や運動機能の向上をもたらす

英国の 9 歳～ 10 歳の子ども 2,065 人を対象とした調査（11：Owen ら 2010）では、犬を飼育している家庭の子どもたちは、犬を飼育していない家庭の子どもたちよりも活動的に過ごす時間が長く、また一日あたりの歩数も多くなることがわかりました。犬の飼育のためによく体を動かすようになるためか、健康が増進して子どもの肥満予防の効果があるという結果も出ています。

犬がいると子どもたちは活動的になって肥満の予防にもなります!

犬がいると…

- 活動的になる
- 一日の歩数も多くなる
- 肥満予防の効果がある

私たちを飼っている家庭の子どもたちは活動的に過ごす時間が長くなります。

犬がいないと…

- 携帯電話の発達とゲーム機の普及で運動時間が減少（運動機能が低下）
- 肥満になる

他の研究（12：Gee ら 2007）でも、犬がいると子どもたちの運動機能が向上し、より積極的に、また素早く行動するようになることもわかりました。

オーストラリアの 19 の小学校でも、5 歳～ 6 歳の 281 人と 10 歳～ 12 歳の 864 人を対象に、子どもたちの身体測定と聞き取り調査をした結果（13：Heyworth ら 2006）、犬を飼っている家庭の子どもたちで、特に年齢が低い子どもたちほど太っていませんでした。

日本では、携帯電話の発達やゲーム機が子どもたちの間に急速に普及したことに伴い、子どもたちの運動機能は低下し、運動時間は減りつつあります（14：瓜谷ら 2014）。しかし、子どものいる家庭でペットを飼うようになると、体を動かす時間が増え、欧米諸国で問題になっている幼少期からの肥満を防止する効果もあり、成長期の子どもたちの健康づくりに役立つことが期待されます。

犬の存在は学習機能の向上をもたらす

過去の研究により、子どもたちの言語機能は運動機能とともに発達することがわかっています。犬が存在することによって、運動機能も向上し、子どもたちのストレスが低下し、リラックスして課題に取り組むことができるようになるため、ミスが減り、学習機能が向上することにつながることが報告されています（3：Gee ら 2010、 4：Gee ら 2009）。

犬を介した緩和ケアで見られた痛みやストレスの軽減、免疫力の上昇

米国での研究によると、犬の介在療法（ドッグセラピー）により、痛みまでも軽減されることがわかってきました（15：Sobo ら 2006）。手術後間もない 5 歳～ 18 歳の子ども 25 人に犬が訪問する犬介在療法（ドッグセラピー）を実施し、聞き取り調査をしたところ、ドッグセラピー後に、肉体的な痛み、精神的な苦痛が明らかに軽減しました。痛みの治療は主に投薬で行いますが、薬には副作用の心配があります。ドッグセラピーには、副作用の心配がほとんどありません。

米国ミネソタ州でも、ドッグセラピーにより、子どもの痛みが軽減したという報告があります（16：Braun ら 2009）。3 歳～ 17 歳の何らかの痛みをもつ子ども 57 人にドッグセラピーを行いました。セラピーの前後で痛みレベルを 10 段階で測定した結果、15 分間ただリラックスしているだけの子どもと比べ、ドッグセラピーを行った子どもでは、痛みが約 1/4 に軽減されていました。これは、ドッグセラピーによる刺激で鎮静作用をもつエンドルフィンなどが分泌され、幸福度が向上して痛みが軽くなり、さらにリンパ球の働きも活発になって、免疫力も上昇したことによるものだと思われます。

子どもたちの幸せのためには、ストレスや不安や痛みの解消はとても重要です。大人ならストレスと感じない些細なことや、簡単にコントロールできる不安でも、子どもたちには生命を脅かすほどの

ドッグセラピーの後で痛みがやわらぎました！

手術から1〜3日後の5〜18歳の子ども25人にドッグセラピーを実施したところ、痛みが軽減されました。

手術後にドッグセラピーを実施すると…

・肉体的な痛み、精神的な苦痛が軽減
・痛みを軽減するために投薬をする場合は副作用をもたらす可能性もあるが、ドッグセラピーには副作用の心配がほとんどない

驚異となることもあり、積み重なればやがては胃腸炎、心臓循環器疾患、整形外科学的疾患（骨筋肉系疾患）や呼吸器系疾患に至る可能性もあります。

例えば、ネブラスカにある大学で 3 歳～ 6 歳の子ども 23 人の医学的検査において、犬がいる場合といない場合でストレスの増減を比較したところ、犬がいる場合はいない場合に比べて、ストレスの指標となる収縮期血圧、動脈血圧、心拍数が下がり、ストレスが軽減することがわかりました（17：Nagengast ら 1997)。

このようにペット、特に犬が一緒にいることで、子どもたちのストレスや痛みが軽くなることがわかりました。ストレスや痛みの軽減は、子どもたちにとって、生活の「幸福」に直結します。ここでは特にドッグセラピーに関する研究を紹介しました。精神神経生理学的にみても、子どもたちの暮らしにペットとの触れ合いがあることは、科学的なエビデンスのある、有用な手段の一候補としてあげられます。

子どもたちの痛みやストレス

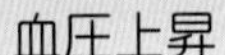

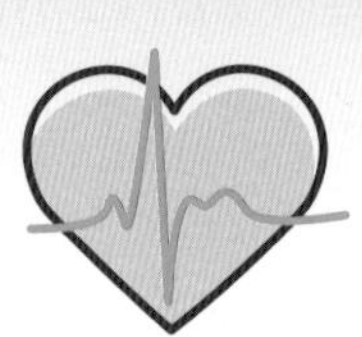

ドッグセラピーを行うと

- 痛みが軽くなる
- 心拍数安定
- 幸福度が向上
- 血圧安定

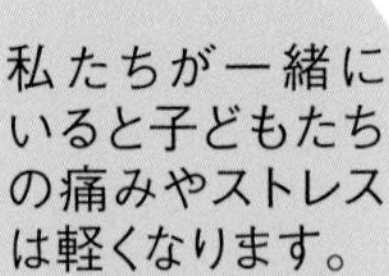

第3節 ペットが障がい児にもたらす効果

日本でも、障害をもつ子どもたちへの法的支援が強化されている

我が国では、2005 年より発達障害者支援法が施行され、「発達障害」は「自閉症、アスペルガー症候群その他の広汎性発達障害、学習障害、注意欠陥多動性障害（ADHD）その他これに類する脳機能障害であってその症状が通常低年齢において発現するもの」と定義されています。子どもたちが学習する学校現場においても、発達障害者が孤立しないよう社会的にも適合できるような教育的配慮がなされ、国や自治体においてもより低年齢からの支援の輪が広がりつつあります（18：文部科学省 特別支援教育関係資料 2015）。

海外では、すでに犬の介在療法により障がい児への手厚い支援を実施

海外における犬の介在療法は、発達障害者にとってすでに治療法として用いられ、古くから研究が盛んです。例えば、オーストリアの小学生の教室で犬を同居させた場合に障がいをもつ子どもたちの変化を見る実験を行いました（19:Kotrschal ら 2003）。1ヶ月間、犬を教室に同居させ、その間の行動を観察した結果、極端に暴れたり騒いだり大声で泣いたりする子が少なくなり、クラスの子どもに

まとまりが生まれてきました。犬を学校に導入することは経済的にも安価で、子どもたちの認知能力や社会適応力の発達に寄与し、学習の向上に役立つことが証明されています。

教室での犬とのふれ合いが、情緒障がいをもつ子どもたちの心の安定に寄与

また、情緒障害をもつ子どもたち６人の教室に、８週間、犬を同室させたところ、感情の成長が見られました（20：Anderson ら 2006）。研究によると、怒りやすかった子どもたちが落ち着きを見せ、家族や先生、友人に対しても温和に接するようになりました。以前は精神的な困難に直面したときも、すぐに怒り出していた子どもたちですが、たとえパニック状態に陥っても、犬には一度も攻撃性を見せませんでした。子どもが自らパニック状態を抑えるときに犬は大きな支えとなり、友人への共感を育み、周囲の人への優しさなどの心の成長が見られました。

介助犬の導入は、自閉症の子どもたちだけではなく、その家族のストレス軽減にも役立つ

発達障害の一つ、自閉症の子どもたちにとっても、犬が良い影響を与えることが報告されています。

自閉症の子どもたちは、予期せぬ急な行動や、攻撃性を示すことが少なくありません。そこで、カナダの自閉症の子どもがいる 10 家族に介助犬を導入し、その子どもと家族の状態の変化を観察しま

した（21：Burrows ら 2008)。犬を家に迎えると、次第に自閉症の子どもと両親と犬、お互いの関係が良くなりました。犬が子どもに反応してくれることで、特に自閉症の子どもが夜間に家を出る回数が減り、安全面での犬の役割は大きくなっていきました。結果として、両親と子どもたちはよく眠れるようになり、運動量も増え、精神的なストレス量も低下したのです。

この試みにより、自閉症の子どもに対する介助犬の社会的役割が一般社会に知られ、公共の場に外出するようになって、子どもや両親の社交性も高まりました。このように、介助犬は自閉症の子どもをもつ家族に大きな利益をもたらすことがわかったのです。

これを裏付けるものとして、犬が家にいない状況で自閉症の子どもたちのストレスを測定するために唾液のコルチゾール量を調査した研究もあります（22：Viau ら 2010)。カナダに住む自閉症の子どもたち 42 人に、介助犬を導入する前と、犬が家にいるとき、そして犬が家から去った後の唾液のコルチゾール量を測定した結果、犬を導入する前は 58％だった起床時コルチゾール反応率が、犬が家にいるときは 10％まで低下し、犬が家からいなくなると 48％まで上昇しました。犬が家にいる間、起床時のコルチゾール量が低下するのは、就寝パターンが良好になったためと推測されます。また、この調査では、犬が家にいる間は、子どもたちの問題行動の頻度も減少したということがわかっています。

つまり、自閉症の子どもをもつ家族が介助犬を家に導入すると、ストレスが軽減し、子どもの行動も落ち着き、家族にとっても大きな利益をもたらすと考えられます。

ADHD をもつ子どもは犬の介在により問題行動が減少し、症状の改善が見られた

関連して、発達障害のひとつ注意欠陥多動性障害（ADHD）の研究も紹介します。米国カリフォルニアのチームが ADHD をもつ 7 歳～ 9 歳の子どもたち 24 人を対象に、セラピードッグを用いた犬介在療法を行うグループと、行わないグループに分け、12 週間にわたって認知行動介入のための研究を行いました（23：Schuck ら 2015）。効果を評価する指標は、行動学で用いられる指数に基づきました。療法が進むに連れて、双方のグループともに ADHD 行動指数は減少しましたが、犬を用いたグループは、用いなかったグループに比べて、明らかな改善が見られました。さらに、犬を用いたグループでは療法が行われると問題行動指数が減少する傾向がみられました。社会的技能指数は双方のグループともに上昇していますが、犬を用いたグループの方が上昇傾向が強く現れました。このことにより、犬介在療法を用いることで、ADHD の症状がより効果的に改善することがわかりました。

ダウン症の子どもたちは犬の介在により前向きな行動や助け合いの行動が見られた

知的障害をもつ子ども 1 人とダウン症候群である子どもたち 2 名の計 3 人に対し、よく飼いならされたジャーマンシェパードとラブラドールリトリバーを用いた実験では（24：Esteves ら

ADHDをもつ子どもたちに犬介在療法を行った場合

2008)、犬がいるときは子どもたちに前向きな行動が増え、逆に否定的な行動は減少しました。さらに、この実験中の行動を見てみると、子どもが犬と行動を共にした後は先生との教室での関わり方に改善が見られました。

他にも、子どもに対する犬の行動療法の影響を証明しようと試みた治験が 1997 年に英国から発表されています（25：Limond ら 1997)。この実験では、ダウン症候群をもつ子どもたちを対象に、６週間、反復行動観察療法を行い、対象となる子どもたちの行動をひとつひとつ数値化して客観的に評価し、それぞれ比較しました。本物の犬を同室させた場合とぬいぐるみの犬を置いた場合を比較すると、本物の犬を同室させた場合に、言葉の面でも、行動の面でも、子どもたち同士で継続的に助け合う行動が生じるという良い結果が観察されました。

介助犬が付き添えば、周囲との交流が活発になり、障がいをもつ子どもの社会も広がる

また、車いすを使用している子どもたちが、介助犬とともにいることで、社会的活動が円滑に行えるようになることを証明した研究（26：Mader ら 1989）もあります。約２％の子どもたちは何らかの障害をもって生まれてきます。健常者がこれらの障害をもつ子どもたちと関わるとき、後ろめたさや社会的な違和感をもって接することが多いという報告がされています（26：Mader ら 1989)。この研究では、車いすを使用する 10 歳～ 15 歳（平均 13.4 歳）の子どもたち５人が介助犬を連れているとき、周囲の人

介助犬を連れていると出会う人の笑顔が増えます!

車いすに乗った子どもや、介助犬に対して、通りすがりの人からの笑顔は介助犬を連れているときの方が増えます。

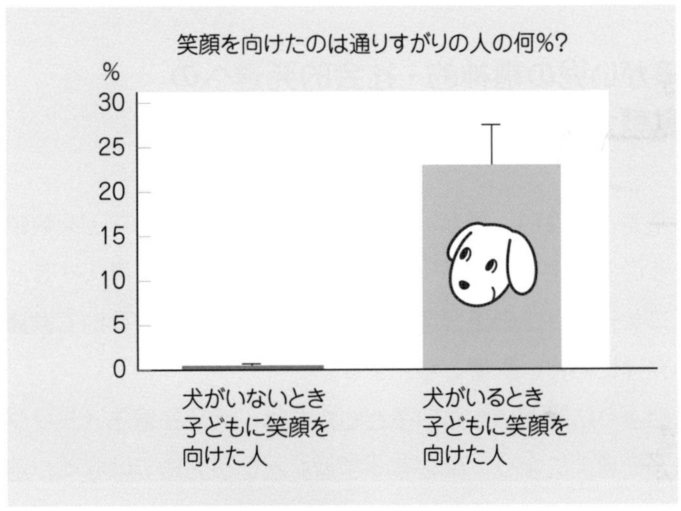

出典:26)Social acknowledgments for children with disabilities: effects of service dogs. Mader B, Hart LA, Bergin B. Child Development. 1989; 60(6): 1529-1534.

とどのように接するかを検証しました。介助犬を連れていることで、通行人との接触が増え、周りの人から注目を浴びるようになり、さらに会話の量も増えることがわかりました。ショッピングモールでは、介助犬がいるだけで全く知らない人同士でも犬を通じて接触し、親近感が生まれます。そこには笑顔が生まれ、注目が集まり、障害をもつ子どもたちにとって社会的な広がりが生じることが示されました。

障がい児の精神的・社会的発達への貢献が大いに期待される動物介在療法

健常者とは違い、障がい者にとって成長とは学力などを数値化して見ることが全てではありません。犬を教育の場に導入すると、コミュニケーションの量が増え、学習意欲が高まり、ひいては運動能力の発達にも良い影響を与えます。

このように障がいをもつ子どもたちは、犬介在療法（ドッグセラピー）の導入により、単なる「学習」という方法ではなく、別のアプローチでの成長に大きな効果があることが証明されています。障がいをもつ子どもたちにとって、精神的発達や社会でのコミュニケーションが円滑になるという点でも、動物介在療法への期待は大きく、用いられるべき手段の一つであるといえます。

日本においても発達障害の治療や問題行動の低減に犬介在療法は有効

日本において、発達障害に関する状況をみると、小学生の段階で

介助犬が付き添うと障がい者の社会も広がります!

介助犬は車いすの子どもと周囲に笑顔を増やします

- 知らない人同士でも犬を通じて親近感が生まれる

↓

- 周りの人から注目を浴びて、会話の量も増える

↓

- 笑顔が生まれ、社会的な広がりをもたらす

15人に1人、社会全体では10人に1人が何らかの症状があるという報告が出ています。この割合は国別統計においても高いといえます（18：文部科学省 特別支援教育関係資料 2015）。

海外の研究をみると、犬を用いて発達障害の症状が緩和され、子どもの成長の一助となることは、科学的に証明されています。日本においても、小学校レベルでの発達障害の治療や、社会的問題行動を減らすために、ドッグセラピーは有効だといえます。

年々増加傾向を示している アレルギー疾患

厚生労働省によるアレルギー疾患の現状（2016）をみてみると、アレルギー患者は年々増加傾向で、中でも喘息、アレルギー性鼻炎、アトピー性皮膚炎、結膜炎は、260万もの症例が報告されています。特に喘息患者は年間約120万人とされ、そのうちの38%が19歳以下（未成人者）です。アレルギーによりアナフィラキシーを起こす症例も少なくないため、食物アレルギー等に対するアレルギー疾患対策基本指針を国が示し、学校で子どもが発症した場合の対処方法も示されています。

ペットの存在が子どもの免疫力を高め 健康を増進させるという海外の報告

アレルギー患者は年々増加傾向ですが、ペットの存在が免疫力を高め、子どもたちの健康を増進させ、喘息やその他のアレルギー

ドッグセラピーは発達障害にも有効です！

海外の研究では、犬を用いると発達障害の症状が緩和されることは科学的に証明されています。

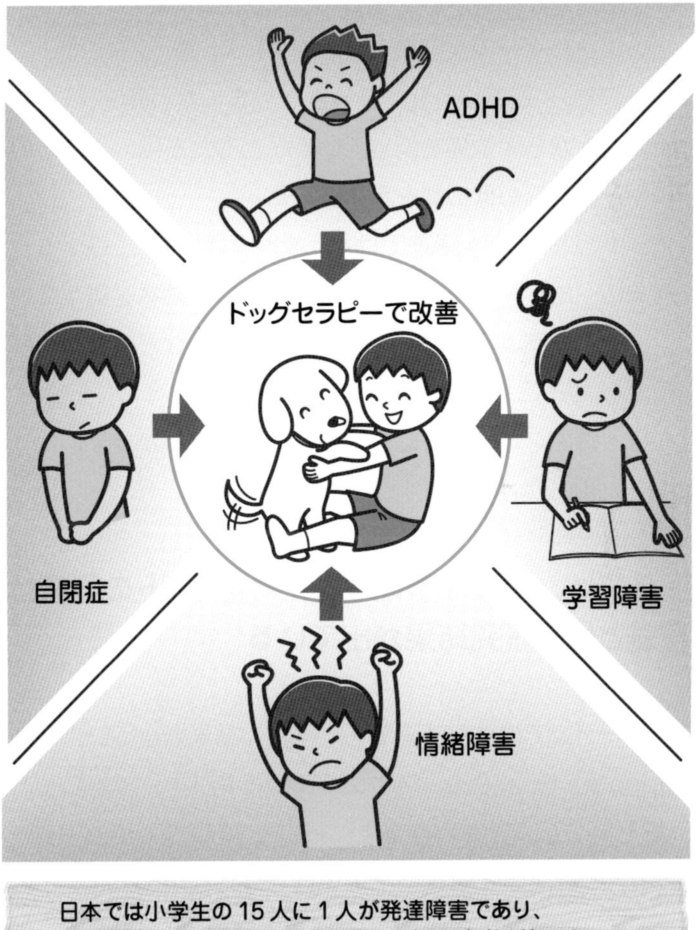

ADHD

ドッグセラピーで改善

自閉症

学習障害

情緒障害

日本では小学生の 15 人に 1 人が発達障害であり、
小学生レベルでの治療にドッグセラピーは有効だといえる

を減少させるという報告もあります（27：Hesselmar ら 2018、28：Ownby ら 2002）。米国の子どもたち（平均年齢6.7歳）835人を対象に、アトピーに対する皮内検査と血漿IgE抗体の検出を行ったところ、1歳未満で2匹以上の犬か猫と接触した子どもたちは、全く接していない子どもたちに比べ、6歳～7歳に成長したときのアレルギーの検出率（チリダニ、犬、猫、ブタクサ、ブルーグラス（植物））が著しく低い結果となりました。興味深いことに、生まれたときから犬や猫を飼っている子どもたちは、これらの植物アレルギー反応にも低い値を示しました。

また、ドイツの疫学調査では、5歳～7歳の子どもたち8,216人を対象に、出生時から犬や猫などの毛がある動物を飼っている家庭での花粉症や喘鳴、喘息、アトピー性皮膚炎などのアレルギーについて調べたところ、出生後1年以内に猫を飼育していた家庭の子どもは、喘息などになりにくいということがわかりました（29：Oberle ら 2003）。

海外では、喘息を予防するためにペットの飼育は有益という研究結果が出ている

スウェーデンでの疫学調査でも、同様の結果が出ています（30：Perzanowski ら 2002）。スウェーデンの第1・2学年の子どもたち3,431人（7～8歳）を対象に行った調査によると、家族が喘息にかかったことがあると、その子どもたちも喘息になることがわかりました。一方、動物、特に猫がいる家庭では、喘息のアレルギー症状が出にくいこともわかりました。また猫を飼うことと、アレル

子どもが生まれたとき家にペット（猫・犬）がいるとアレルギーがなくなる?

子どもが出生して1年以内に家に猫・犬がいると、アレルギー症状（喘息、鼻炎、結膜炎、湿疹）をもつ子どもの割合が少なくなるという海外の調査があります。

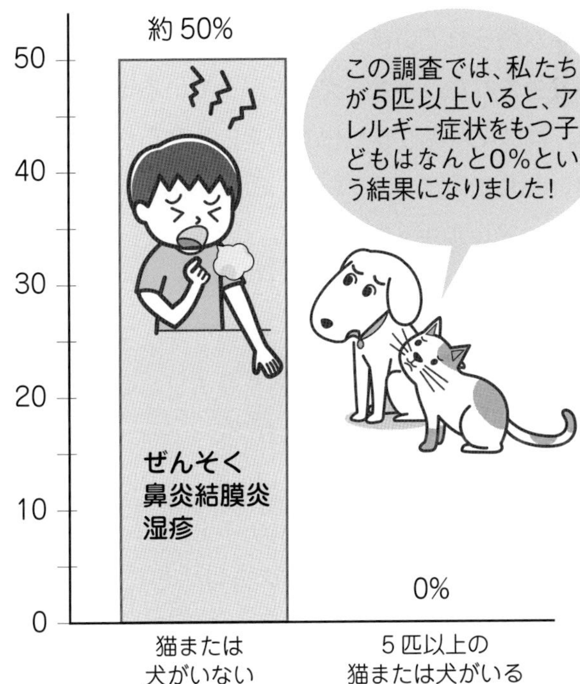

出典:27) Pet-keeping in early life reduces the risk of allergy in a dose-dependent fashion. Hesselmar B, Hicke-Roberts A, Londell AC, et al. PLos-One. 2018; 13(12): e0208472.

ギーの原因となる IgE 抗体の生産とは関係ないことも証明されました。アレルギー反応が出るときは必ず IgE 抗体が生産されますが、抗猫抗体 IgG に関していえば、逆にアレルギーを起こしにくいという結果だったのです。

これらの結果から、猫を飼育すると、子どもたちが喘息になるリスクは明らかに減少するといえます。過去の一般常識では、喘息予防のためにはペットを飼育しない方が良いとされてきましたが、全く逆の結果が得られています。

子どもが生まれたころから犬猫を飼っている家庭では、自然に細菌に触れ、同時に細菌が作り出す毒素にもさらされます。こうした環境では、免疫を司るヘルパー T 細胞の型が非アレルギー型の機能に移行し、アレルギーを起こしにくくなることがわかりました。実際にこの調査で、子どもが生まれたとき、犬や猫を 2 匹以上飼育していた子どもたちは、明らかに喘息を発症する確率が低いという結果でした。つまり、動物を排除するよりもむしろ、子どもが生まれたときに家庭に動物がいた方がアレルギーを起こしにくいので、アレルギー対策のためには、この論文内では動物を飼育することが推奨されています（28：Ownby ら 2002）。

免疫学的には喘息発症のメカニズムはさらに複雑です。米国の 12 歳～ 14 歳の子どもたち 226 人を対象に行われた横断的研究調査によると（31：Platts-Mills ら 2001）、猫を飼うことによるアレルギー反応は、ヘルパー T 細胞の機能だけで説明されるものではなく、猫と触れ合うことでアレルギー反応が起こっても、非アレルギータイプの抗体も作られるというさらに複雑な免疫反応が関係しているとされています。免疫学的メカニズムは複雑ですが、この

研究でも、家の中に動物がいる場合は喘息にかかりにくいということが示されています。

さらに、ペットと免疫力の関係を示す調査が英国の5歳～11歳の子どもたち265人を対象として行われました（32：McNicholasら2004)。ペットを飼っている家庭の子どもの学校への出席率は、飼育していない家庭の子どもよりも明らかに高い結果でした。また、ペットを飼育している家庭の子どもたちは、唾液中のIgA抗体量が、ペットを飼育していない家庭の子どもたちと比べ、より正常値を示していました。IgA抗体は上部気道感染の免疫力と密接に関係していますので、家庭でペットを飼うと免疫力が向上し、子どもたちの健康維持に役立つのだと考えられます。

喘息などのアレルギー予防のためにも乳幼児期から動物を飼うことが推奨される

一般的には喘息やその他のアレルギーをもつ子どものいる家庭は、動物を飼うべきではないという傾向があります。しかしながら、このような動物を飼うことにより、逆に喘息やアレルギーの発生率も減少させることが示されました。

よって、今後は喘息などのアレルギー予防のためにも、赤ちゃんの誕生から乳幼児期の早い段階で動物を飼うことが子どもの成長と健康の維持をもたらすと思われます。

乳幼児期の早い段階でペットを飼うと、アレルギー予防となります！

乳幼児期の早い段階でペットを飼った場合

- 免疫力を高め、喘息やアトピーを起こしにくくする
- 免疫力が高まり、健康が維持され、学校への出席率が高くなる

第4節　子どもたちの未来、今後の日本社会のためにペットが果たす重要な役割

健常者・障がい児を問わず、ペットが介在する生活は子どもたちの生活全般に良い結果をもたらす

今回、科学技術論文の検証を行い、ペットを飼育している子どもへの影響について再考しました。ペットを飼育することで、子どもたちは精神的、情緒的、肉体的に健全な成長をするようになり、その子どものいる家庭では、生活の質や幸福度が向上することが証明されました。また、近年、教育現場には、発達障害の子どもたちをどう援助していくのかという課題があります。文部科学省も対策の具体案を打ち出そうとしています。ペットが同室していると学習効果があがり、子どもたちは精神的に落ち着いて生活できることが学術的にも証明されていることから、発達障害の子どもたちへの援助方法の一つとして、動物介在療法が何らかの解決の糸口になるかもしれません。

さらに、障がいをもつ子どもたちは介助犬と同伴しているだけで社交性が向上し、外に出る機会が増え、健康状態も改善されます。障がいをもつ子どもたちやその家族が社会活動を営む上で、なかなか理解されにくい状況ではありますが、動物が介在することによってその活動が円滑に行われ、障がいをもつ子どもたちの発達につながると報告されています。また、免疫学的な側面からも、出生時に動物（特に猫）を飼うことで、成長してから喘息などのアレルギー

の症状が出にくく、アレルギー予防になるという驚くべき結果も欧米各国で報告されています。

ただし、多人数が一緒にいる教室や施設で動物介在教育などを実施するにあたり、衛生面や動物に対する子どもたちのアレルギー問題（アナフィラキシー）を軽視してはなりません。そのため、近年では、動物介在教育などにペットを用いる際のアレルギー対策や、保護者への注意喚起、承諾書なども徹底して行われる場合が多いようです。

動物にストレスをかけず真に共生するため
将来的に動物介在教育のマニュアル等が必要

また、別の問題として、動物を導入するときに人間側だけに焦点を当て、動物たちへのストレスが後回しになりやすい傾向が見受けられます。

子どもたちは恩恵を受けますが、動物たちが犠牲になるようでは、真の「人と動物との共生」とはいえません。動物福祉のルールを遵守するという視点からも、将来的には、動物介在教育のマニュアルや世界的な基準を設けていく必要があります。そのためには、欧米での事例を日本にそのまま当てはめるのではなく、日本独自かつ世界に通用する「ネオ・アニマルウェルフェアー（新動物福祉）」とも呼べる先駆的な基準を作り、社会全体の視点から寄与しなければならないと考えます。

動物は人間が日常生活を営む上での大切なパートナーです

人間が動物と生活する上で、動物へのストレスが後回しになるようでは、真の「人と動物との共生」とはいえません。

動物と日常生活を営む上での注意点

- 日常生活が人間主導になってしまうのではなく、動物にかかるストレスにも目を向ける
- 動物福祉のルールを守るように心掛ける

人と動物が共存できる社会の構築が、子どもたちとその他の人々のつながりを深め、社会全体に希望をもたらす

少子高齢化が進む日本において、子どもたちは本当に貴重な存在です。今後ますます少子化が進む中、将来を担うその子どもたちをどのように健全に育成していくか、将来の日本像をどれほど希望あるものに造りあげていくのかは、今の日本に生きる者の責務だと思います。

子どもたちが育つ上で、ペットが様々な形で介在することは重要な役割を果たしますが、我が国では、欧米諸国に比べるとまだまだ認知度が低いのが実情です。動物たちが社会に介入することで、高齢者と子どもたちがつながりやすくなり、子どもたち同士の人間関係も円滑になり、精神的にも安定します。障がい者も孤立することなく自然な形で社会の一員として生活することができて、社会全体に希望と可能性が広がっていくことが期待されています。

これほどまでに利益と恩恵を与えてくれる動物たちの存在が、日本社会においてもその役割が理解され、欧米諸国のように動物たちと共存することで日本社会の将来像がもっと輝きあるものとなることを確信しています。

将来を担う子どもたちを健全に育成するためには、ペットを介して様々な人々と交流を図ることが大切です

<文献>

1) Companion animals and child/adolescent development: a systematic review of the evidence. Purewal R, Christley R, Kordas K, et al. Int J Environ Res Public Health. 2017; 14(3): 234.
2) The young children's empathy measure: Reliability, validity and effects of companion animal bonding. Poresky RH. Psychological Reports. 1990; 66(3 Pt 1): 931-936.
3) Preschoolers make fewer errors on an object categorization task in the presence of a dog. Gee NR, Church MT, Altobelli CL. Anthrozoös. 2010; 23(3): 223-230.
4) Preschoolers' adherence to instructions as a function of presence of a dog and motor skills task. Gee NR, Sherlock TR, Bennett EA, et al. Anthrozoös. 2009; 22(3): 267-276.
5) Children's representations of pets in their social networks. McNicholas J, Collis GM. Child Care Health and Development. 2001: 27(3); 279-294.
6) Childhood attachment to pets: associations between pet attachment, attitudes to animals, compassion, and humane behaviour. Hawkins RD, Williams JM, Scottish Society for the Prevention of Cruelty to Animals (Scottish SPCA). International Journal of Environmental Research and Public Health. 2017; 14(5): 490.
7) Pets, early adolescents, and families. Covert AM, Whiren AP, Keith J, et al. Marriage & Family Review. 1985: 256(57); 95-108.
8) Pet ownership, type of pet and socio-emotional development of school children. Vidović VV, Štetić VV, Bratko D. Anthrozoös. 1999: 12(4); 211-217.
9) Pet ownership is good for your health and saves public expenditure too: Australian and German longitudinal evidence. Headey B, Grabka M, Kelley J, et al. Australian Social Monitor. 2002; 5(4): 93-99.
10) Pet dogs benefit owners' health: a 'Natural Experiment' in China. Headey B, Na F, Zheng R. Social Indicators Research. 2008; 87(3): 481-493.
11) Family dog ownership and levels of physical activity in childhood: findings from the child heart and health study in England. Owen CG, Nightingale CM, Rudnicka AR, et al. American Journal of Public Health. 2010; 100(9): 1669-1671.
12) The role of therapy dogs in speed and accuracy to complete motor skills tasks for preschool children. Gee NR, Harris SL, Johnson KL. Anthrozoös. 2007; 20(4): 375-386.
13) Does dog or cat ownership lead to increased gastroenteritis in young children in South Australia? Heyworth JS, Cutt H, Glonek G. Epidemiology and

Infection. 2006; 134(5): 926-934.
14) 幼児期の運動能力と運動習慣・生活習慣との関係：運動好きで元気な子どもを育むための予備的研究．瓜谷 大輔，榊 彰裕，松本 大輔，他．理学療法学．2014; Supplement 2013(0): 1381.
15) Canine visitation (pet) therapy: pilot data on decreases in child pain perception. Sobo EJ, Eng B, Kassity-Krich N. Journal of Holistic Nursing. 2006; 24(1): 51-57.
16) Animal-assisted therapy as a pain relief intervention for children. Braun C, Stangler T, Narveson J, et al. Complementary Therapies in Clinical Practice. 2009; 15(2): 105-109.
17) The effects of the presence of a companion animal on physiological arousal and behavioral distress in children during a physical examination. Nagengast SL, Baun MM, Megel M, et al. Journal of Pediatric Nursing. 1997; 12(6): 323-330.
18) 文部科学省 特別支援教育関係資料．2015. http://www.mext.go.jp/b_menu/shingi/chousa/shotou/113/shiryo/__icsFiles/afieldfile/2015/07/08/1359123_05.pdf.
19) Behavioral effects of the presence of a dog in a classroom. Kotrschal K, Ortbauer B. Anthrozoös. 2003; 16(2): 147-159.
20) The value of a dog in a classroom of children with severe emotional disorders. Anderson Katherine L, Olson MR. Anthrozoös. 2006; 19(1): 35-49.
21) Sentinels of safety: service dogs ensure safety and enhance freedom and well-being for families with autistic children. Burrows KE, Adams CL, Spiers J. Qualitative Health Research. 2008; 18(12): 1642-1649.
22) Effect of service dogs on salivary cortisol secretion in autistic children. Viau R, Arsenault-Lapierre G, Fecteau S, et al. Psychoneuroendocrinology. 2010; 35(8): 1187-1193.
23) Canine-assisted therapy for children with ADHD: preliminary findings from the positive assertive cooperative kids study. Schuck SE, Emmerson NA, Fine AH, et al. Journal of Attention Disorders. 2015; 19(2): 125-137.
24) Social effects of a dog's presence on children with disabilities. Esteves SW, Stokes T. Anthrozoös. 2008; 21(1): 5-15.
25) Behavior of children with learning disabilities interacting with a therapy dog. Limond J A, Bradshaw JWS, Cormack KFM. Anthrozoös. 1997; 10(2-3): 84-89.
26) Social acknowledgments for children with disabilities: effects of service dogs. Mader B, Hart LA, Bergin B. Child Development. 1989; 60(6): 1529-1534.
27) Pet-keeping in early life reduces the risk of allergy in a dose-dependent

fashion. Hesselmar B, Hicke-Roberts A, Londell AC, et al. PLos-One. 2018; 13(12): e0208472.

28) Exposure to dogs and cats in the first year of life and risk of allergic sensitization at 6 to 7 years of age. Ownby DR, Johnson CC, Peterson EL. The Journal of the American Medical Association. 2002; 288(8): 963-972.

29) Childhood asthma and continuous exposure to cats since the first year of life with cats allowed in the child's bedroom. Oberle D, Mutius E, Kries R. Allergy. 2003; 58(10): 1033–1036.

30) Effect of cat and dog ownership on sensitization and development of asthma among preteenage children. Perzanowski MS, Rönmark E, Platts-Mills TAE, et al. American Journal of Respiratory and Critical Care Medicine. 2002; 166(5): 696–702.

31) Sensitisation, asthma, and a modified Th2 response in children exposed to cat allergen: a population-based cross-sectional study. Platts-Mills T, Vaughan J, Squillace S, et al. Lancet. 2001; 357(9258): 752–756.

32) Beneficial effects of pet ownership on child immune functioning. McNicholas J, Collis M, Gilbey P, et al. 10th International conference on human-animal interactions. 2004; Abs.

第2章 ペットが高齢者の健康に果たす役割

第1節 高齢化の進展とペットの飼育状況

3人に1人が65歳以上に ますます重要となる高齢者への健康支援

内閣府の高齢社会白書（2019）によると、65歳以上人口が総人口に占める割合（高齢化率）は28.1％となっています。また、国民生活基礎調査（2018）では、65歳以上の単独世帯は27.4％に上ります。さらに、65歳以上の就業率は男性が34.1％、女性が17.8％です（労働力調査、2019）。厚生労働省の推計では、2036年には3人に1人が65歳以上となることが予測されており、高齢者の健康支援はますます重要課題となっています。

日本では5世帯に1世帯以上が 犬や猫を飼育している

現在、ペットフード協会の全国犬猫飼育実態調査（2019）によると、全国の犬猫の飼育率は22.2％であり、欧米のペット飼育率50％～70％に比べると低いですが（1：Hall ら 2004、2：Dunn

ら 2005、3：Lisa ら 2005、4：Curtiss ら 2006、5：Ham ら 2006、6：Brandt ら 2007、7：Curtiss 2010)、日本でも 5 世帯に 1 世帯以上が犬や猫を飼育していることになります。

向老期の伴侶として 犬との生活を志向している人が多い

ペットの中でも最も多い犬の飼育率は 12.6％であり、年代別の犬の飼育率は 50 代が 14.2％と最も高く、今後の犬の飼育意向についても 50 代は 21.6％と高い傾向を示しています（全国犬猫飼育実態調査、2019）。この理由は、以前から犬を飼育しているケースや、子どもが独立する世代である 50 代が新たな家族として犬を

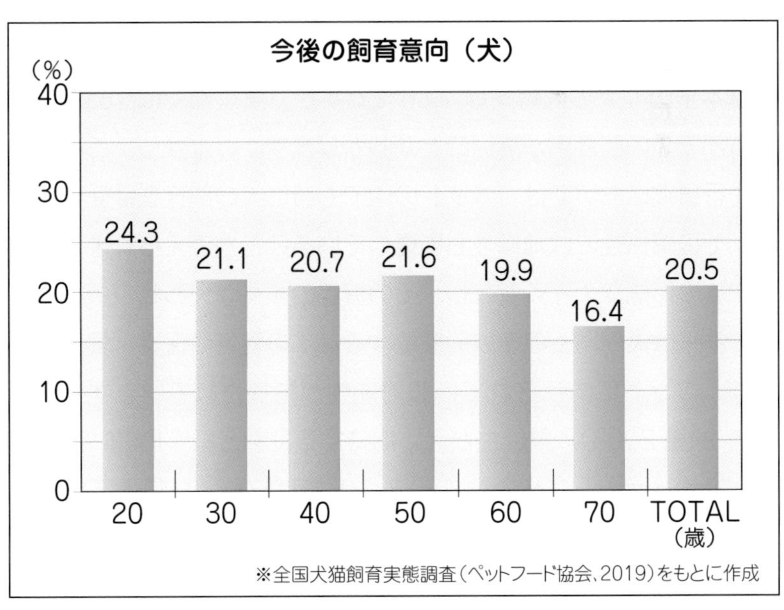

迎えるケースが多いのではないかと推察され、向老期の伴侶として犬との生活を志向している人が多いといえます。

家族機能を補完するため、日本の都市部では、高齢者による犬の飼育率が高い

従来、犬を飼う理由の多くは番犬としてでしたが、近年では、飼育の理由がコミュニケーションの活性化や生活の充実、自身の癒し、健康増進、伴侶の獲得などに変わってきていて、人々と動物の関係は「ペット」から「伴侶」へと変化しています。

ペットと人間の関係は、その飼い主が属する文化に強く影響されることは否定できず（8：森・奥野 2008）、安藤らの研究（9：安藤ら 1997）では、地方都市の高齢者よりも、都市部の高齢者の方がペットとの情緒的な一体感が強いと述べています。

日本全国で犬の飼育率は 12.6％ですが、東京都では 18.0％と、都市部で犬の飼育率が高いことがわかります。以上から、これまでの先行研究においては、ペットの中でも特に犬の飼育者は愛着が強く、その関係性には地域性も影響していることが考えられます。

家族の形態が大きく変化し、その機能の多くが失われつつある昨今、本来は人間同士の家族で機能するはずの養育や保護、愛情の対象が、ペットに向けられている可能性が指摘されています（10：養老・的場 2008）。飼い主が犬に期待する役割として「家族の一員」「しつけ」「犬としての役割」の 3 つが挙げられ、日常生活における飼い主と犬との関係については「受容」「飼育不安」「不安」「同一視」の 4 つが挙げられています（11：柿沼ら 2008）。人とペッ

“ペット”から向老期の“伴侶”になった犬たち

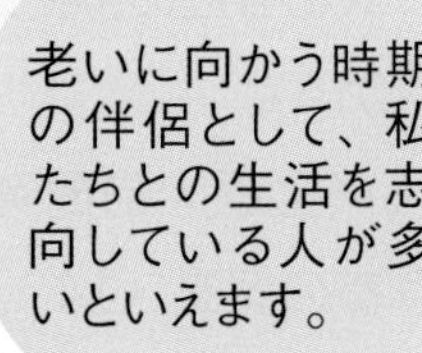

高齢者がペットを飼う理由はさまざま

- コミュニケーションや生活の充実
- 養育や保護、愛情の対象として
- 家族の一員として
- 添い寝をすることで安心感を得る

トとの関係性について、「愛着」などを指標とした研究がいくつか行われており（12：Zasloff 1996）、犬と猫の飼育者間で愛着の強さについて比較すると、犬の飼育者の方が強い愛着を示していたと報告しています。また、民族によって犬への愛着の強さが異なることはないのですが、米国では、犬の存在の捉え方は異なるとの報告もあります（13：Tacher ら 2010）。

なお、犬の飼い主の 86.8％（全国犬猫飼育実態調査、2019）が室内で飼育しており、東京都の調査（14：東京都福祉保健局 2017）ではその割合はさらに高く、94.5% となっています。また、8 割の犬が室内で寝ており、3 割は飼い主と同じ布団で寝ているという報告があります（11：柿沼ら 2008）。添い寝をして感じられる犬の体温や心臓の鼓動、寝息、肌の触れ合いといった体感感覚により、寄り添う愛犬との一体感を得られ、飼い主の安心感を高め、副交感神経が活性化されて、眠りにつきやすくなるなどの効果が得られるものと推察できます。

飼育に要する費用はかかるものの、ペット飼育者は医療機関を受診する回数が少ない傾向

ペットフード協会の全国犬猫飼育実態調査（2019）によると、犬の平均寿命は 14.4 歳（超小型犬では 15.2 歳）で、犬の飼育に伴う支出総額（医療費、食料など含む）は月平均 11,562 円となっています。東京都の調査（14：東京都福祉保健局 2017）では、餌代や医療費は、それぞれ年間 3 ～ 6 万円を支出しているという回答が 3 分の 1 以上を占めています。

ペットを飼うと医者にかかることが少なくなります！

国内外の研究で、ペットを飼っている人は医者にかかることが少ないという結果が出ています。

ペットを飼っている人の方が医者にかかることが少ない。

医療機関の受診回数
減少

増大
医療機関の受診回数

ペットを飼っていない人の方が医者にかかることが多い。

出典:16)Pet ownership is good for your health and saves public expenditure too: Australian and German Longitudinal Evidence. Headey B, Grabka M, Kelley J, et al. Australian Social Monitor. 2002; 5(4): 93-99.

ちなみに日本では、ペット飼育者が医療機関を受診する回数は、非飼育者より少ないという研究結果があります（15：本岡ら 2002）。海外でも、ペット飼育者は非飼育者より医療施設に行く割合が10%～15%低く（16：Headey ら 2002）、犬の飼育者が毎日30分犬と散歩をすれば、年間で17億500万ドルのヘルスケアコストが削減できるといった報告があります（17：Bauman ら 2001）。逼迫する日本の医療保険・介護保険財政から鑑みても、医療費等とペットとの関連性は、注目すべき課題の一つであるといえるでしょう。

第2節 高齢者の心身機能を維持するための役割

高齢者の健康に良い影響が見られるペットのいる生活習慣

身体的な健康とペットの関連については、医療機関への受診頻度やADL（日常生活動作）の変化、心臓病にかかった後の病状の経過、身体活動量などの増加などで高齢者の健康に良い影響がみられます。通院回数の少なさや活動量の増加、身体機能の維持など、ペットと日々の生活を共にし、ペットのいる生活習慣の中で自然とその恩恵を享受することができていると考えられます。

犬を飼う高齢者は散歩量が多くよく体を動かしている人も多い

高齢者のADL（日常生活動作）の変化について1年間の追跡調査を行った研究（18：Rainaら 1999）では、それが裏付けられており、ペットの非飼育者は、飼育者よりもADLが悪化していることが報告されています。

例えば、犬の散歩に関する研究をご紹介しましょう。ミシガン州の住民を対象とした調査では、犬の飼育者の60%が1回あたり少なくとも10分以上の散歩に連れていくことが分かりました。1週間あたり150分歩く割合は、犬を飼育している人がそうでない人

より34%上回り、余暇に何らかの活動で体を動かす確率においても、犬を飼育している人の方が69%上回りました（19：Reevesら2011）。つまり、犬を飼育している人の活動量は、そうでない人より多く、飼育に伴う活動は、犬の散歩以外にもあることが示されたのです。

ワシントン州とメリーランド州で行われた20歳～65歳の成人を対象とした研究では、犬を飼育している人はそうでない人に比べ、推奨値以上の散歩を行っている割合が大きく上回り、肥満の割合が大きく下回りました。犬の散歩をする人たちは、犬を飼っていても散歩しない人と比べると、自宅周辺が歩きやすい地域である傾向がありました（20：Colemanら2008）。

また、72歳～81歳の高齢者の運動機能に関する研究でも、犬の散歩を週3回、150分以上行う人は、そうでない人よりも運動機能が高いことがわかりました（21：Thorpeら2006）。

他の研究でも、犬の飼育者が1週間あたり5回以上の散歩をしている場合、体をよく動かしている人の割合は飼っていない人よりも高くなっていました（22：Cuttら2008）。

日本での研究でも、犬を飼育している人はそうでない人よりも散歩量が特に多く、犬以外のペットを飼育している人やペットを飼育していない人に比べて座っている時間が短く、身体活動量が1.5倍多いという結果となりました（23：Oka and Shibata 2009）。これまでに行われた犬の飼い主と身体活動の関係を調べた研究を総合的に分析してみると、犬を飼育している人はそうでない人よりも散歩や身体活動を行っており、犬を飼育することと散歩の時間などの身体活動には、確かなつながりがあるとしています（24：

犬を飼育している高齢者は身体活動量が多い！

犬を飼っている高齢者

・よく散歩をしている
・活動量が多い
・運動機能が高い
・肥満が少ない

犬を飼っていない高齢者

・活動量が少ない
・あまり散歩をしない

Christian ら 2013)。

減量やリハビリテーションのモチベーションの維持につながる

関連して、過体重または肥満の飼い主と、その人の飼っている肥満のペットをペアにし、ペットを飼っていない肥満の人と1年間の減量プログラムの遂行率を比較した研究では(25：Kushner ら 2006)、遂行率は過体重または肥満者とペットのペアで高くなりました。また、心血管疾患のリハビリテーションプログラムについて調べたところ、ペットを飼育している人のプログラム完了率は96.5%と、飼育していない人のプログラム完了率(79.2%)を大きく上回り、ペットを飼育していることが、リハビリテーションを完了しやすくすることがわかりました(26：Herrald ら 2002)。

これらのことから、犬の存在が励ましやモチベーションの維持につながり、プログラム完了のための大きな支えになり得るものだと考えられます。

犬を飼う高齢者は歩行速度が速かった!

72歳から81歳までの高齢者を対象としたアメリカの研究では、犬を飼い週3回以上犬の散歩をする高齢者は散歩をしていない高齢者より歩行スピードが速いという結果が出ています。

出典:21)Dog ownership, walking behavior, and maintained mobility in late life. Thorpe RJ, Simonsick EM, Brach JS, et al. J Am Geriatr Soc. 2006; 54(9): 1419-1424.

ペットを飼育している人はリハビリテーションをがんばっていました！

心血管疾患のリハビリテーションプログラムの完了率は、ペットを飼っている人の方が、飼っていない人よりも高いという結果が出ました。

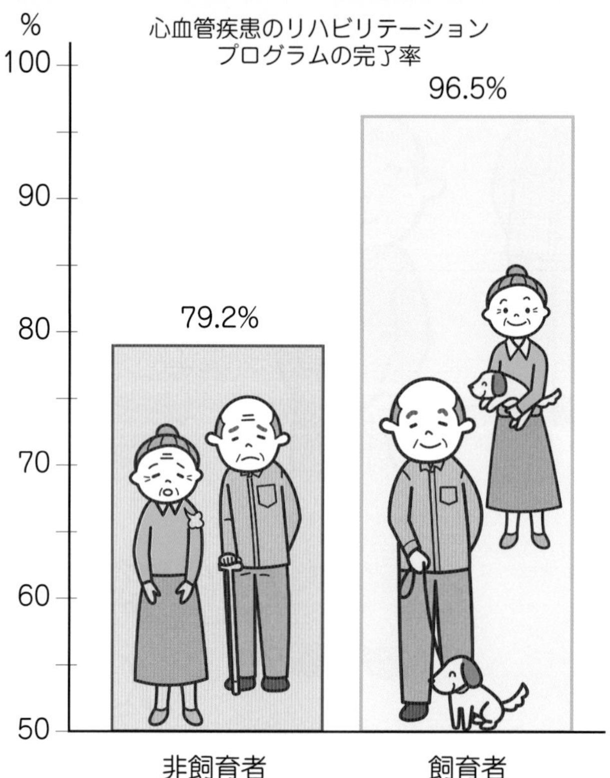

出典：26）Pet Ownership Predicts Adherence to Cardiovascular Rehabilitation. Herrald M, Tomaka J, Medina A. Journal of Applied Social Psychology. 2002; 32(6): 1107-1123.

ペット（犬）を飼育している高齢者は血圧も低い

ペットを飼育する人は飼育していない人に比べて、血圧が有意に低いという研究結果が多くあります（27：Levineら 2013、28：Andersonら 1992、29：Friedmannら 2013）。家庭内での24時間の連続血圧測定の結果、家庭内での拡張期（最低）血圧はペットがいるときに比べて、いないときの方が高いことがわかりました。収縮期（最高）血圧は、家庭内に犬がいるときは下がりますが、猫が一緒にいると上昇する傾向を示しました（29：Friedmannら 2013）。

また、犬と触れ合うとき、既に絆が結ばれている犬とそうでない犬とでは、時間とともに収縮期・拡張期血圧に差が表れ、絆が結ばれている犬との触れ合いは、黙読しているときのリラクゼーション効果と類似していると指摘されています（30：Baunら 1984）。このことは、動物介在活動（動物と触れ合って生活の質を向上させる活動）や動物介在療法（医療者が動物を治療の補助として用いる治療法）などの一時的な犬との関わりよりも、自身で犬を飼育し、普段から犬と触れ合う方が、より効果があることを表しています。

さらに、新たに犬を飼い始めた人を10ヶ月間追跡した研究では（31：Serpell 1991）、飼い始めて1ヶ月後から10ヶ月後まで、頭痛や風邪、便秘や腰痛といった不定愁訴（原因がよくわからない症状）が明らかに減り、飼育し始めて6ヶ月後から10ヶ月後まで精神健康調査票（GHQ/The General Health Questionaire）の結果が明らかに良くなったと報告しています。その一方で、ペットを飼育していない人には、そのような変化は見られなかったと述べています。

犬や猫の飼育を経験している高齢者は、身体的虚弱（フレイル）になるリスクが低い

我が国の地域在住高齢者を対象とした大規模調査により、居住形態や所得を含む基本的な属性の影響を考慮しても、犬または猫を飼育したことがない人に比べて、現在飼育しているまたは以前飼育していた人では、運動機能得点が高く、歩行活動が多く、近隣との交流が深く、社会的孤立が少なく、近隣への信頼感が高いことがわかっています（32：Taniguchi ら 2018)。

興味深いことに、こうしたペット飼育経験者の身体的・社会的機能のアドバンテージを考慮した上で、犬猫の飼育経験が高齢者本人の健康長寿に寄与するのかどうかを調べた研究があります。東京都O区在住で要支援・要介護認定を受けていない高齢者約6,200人を対象とした2年間の追跡調査の結果、犬または猫の飼育経験がない高齢者に対して、飼育経験のある高齢者が身体的虚弱（フレイル）を発症するリスクは約13%低下することが報告されています（33：Taniguchi ら 2019)。

犬の飼育経験でこれらの関連性が特に明瞭であったことから、犬を世話した経験を通じて、高齢期に身体・心理・社会的な機能が高い水準で保たれることにより、近い将来の健康障害のリスクを低下させる可能性が示されました。

ペットがいる時の方が血圧は低い傾向に

ペット飼育者の普段の生活でペットがいる時といない時の血圧の差を調べたところ、ペットがいる時の方が血圧は低い傾向になることがわかりました。

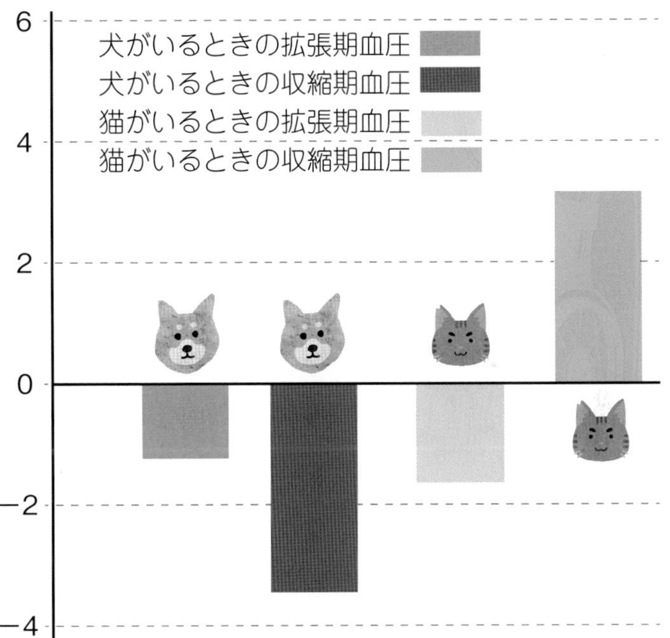

グラフでは自宅で犬または猫がいる時といない時に測った収縮期血圧と拡張期血圧の平均差が低い。0より小さければペットがいる時に血圧がより小さいことを示します。

出典：29) Pet's Presence and Owner's Blood Pressures during the Daily Lives of Pet Owners with Pre-to Mild Hypertension. Friedmann E, Thomas SA, Son HC, et al. Anthrozoös. 2013; 26(4): 535-550.

ペットと過ごす時間が多いことで、ストレスが解消されて、医療機関を利用する回数も少ない

今度は、高齢者が医療機関にかかった場合を見てみましょう。メディケアを利用している高齢者に医療機関の利用について 1 年間の調査（34：Siegel 1990）を行ったところ、ペットを飼育する人の中でも、特に犬の飼育者は病院に通う回数が少ないことが示されました。理由は、犬の飼育がストレス緩和になり、犬の飼育者はペットと過ごす時間が多く、他のペットの飼育者よりもペットに愛情を感じていたためだろうとしています。Headey らによるドイツとオーストラリアでの 5 年間の縦断的研究（16：Headey ら 2002、35：メルボルン大学 1995、36：Headey ら 2007）でも同様の結果が示されており、彼らはペットを飼育する人が健康的なのではなく、ペットを飼育することで健康になるのだと述べています。

重症患者はペットを飼育することで、退院後も生存率が高い

また、心疾患で入院した患者の生存率を調べた研究では、ペットの飼育者の方がそうでない人よりも、退院 1 年後の生存率が高いことが報告されています。これは、ペットの飼育者が、ストレスによる交感神経系の高ぶりを抑えられた結果であると考えられています（37：Friedmann ら 1980、38：Friedmann ら 1995）。

さらに、ペット飼育者で心血管疾患をもつ人は、非飼育者より

ペットを飼っている人の方がストレスに強いことがわかりました！

ペットを飼っている人と飼っていない人のメンタルストレスへの精神的反応について6ヶ月追跡調査を行ったところ、暗算作業をしているときでも、ペットを飼っている人の方が血圧も心拍数も低くなっていました。

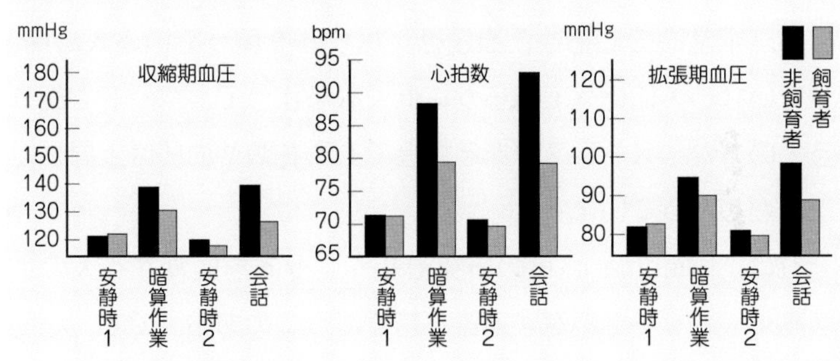

出典：27）Pet ownership and cardiovascular risk: a scientific statement from the American Heart Association. Levine GN, Allen K, Braun LT, et al. Circulation. 2013; 127(23): 2353-2363.

ペットを飼っている人の方が心筋梗塞後の生存率が高い！

ペットを飼っている人（266人）と飼っていない人（187人）の心筋梗塞後の累積生存者数を比較したところ、飼っている人の方が生存者数が多い結果となりました。

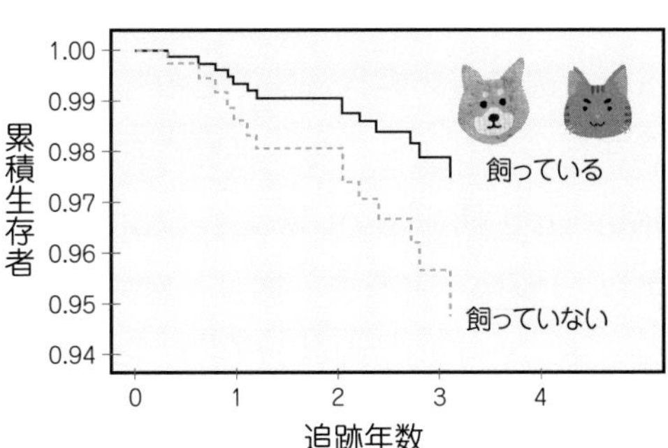

出典：39）Pets, depression and long term survival in community living patients following myocardial infarction. Friedmann EB, Sandra B, Allen KM. Anthrozoös. 2011; 1,24(3): 273-285.

死亡率が低くなる傾向が見られました。ペットの種類別では犬を飼っている場合にその傾向が顕著でした。循環器科か ICU に入院したことがある人を調べてみると、1 年後の死亡率はペット飼育者の方が非飼育者よりも有意に低くなることもわかりました（27：Levine ら 2013)。

なお、平常時の心拍数と血圧は、ペットを飼っている人の場合、飼っていない人に比べて明らかに低くなるようで、ペットを飼っている人の方が、ストレスがある場合でも心拍数や血圧は上昇しにくいことがわかっています。

それは、Friedmann らの研究でも、ペットを飼育する人の生存率は高く、ペットを飼育すると、若くてうつのある人でも、心筋梗塞後の生存率は高くなることが示されました（39：Friedmann ら 2011)。

緊張や抑うつの程度を低くした動物介在型レクリエーション活動

ペットの健康効果は施設でもみられます。老健施設における動物介在型レクリエーション活動の前後で、気分を測る調査である POMS（the Profile of Mood States）を行った研究では、活動前より、「緊張・抑うつ・怒り・疲労・混乱」の程度が明らかに低くなりました（40：向ら 2005)。同様に、ボランティアグループがナーシングホームを訪問する際に、犬を伴った場合とそうでない場合を POMS で比較した結果（41：Lutwack ら 2005)、犬を伴った訪問を受けたグループは、緊張や抑うつなどの程度が非常に低く

なりました。しかし、老齢期のうつ症状を評価する高齢者抑うつ尺度（GDS/the Geriatric Depression Scale）には、はっきりした差がなく、犬との触れ合いはうつそのものではなく、緊張や抑うつなど一般的な気分の改善について、より効果がある可能性が示唆されました。また前述の研究（34：Siegel 1990）では、抑うつ尺度（CES-D/Center for Epidemiologic Studies Depression Scale）でうつ症状（抑うつ）を測定しており、この研究でも、犬の飼育者は、ストレスフルなライフイベントがあっても医療機関の受診回数が少なかったと報告されています。Garrity らの高齢者を対象とした研究でも、ペットを飼育するだけでは抑うつとの関連がみられませんでしたが、ペットへの強い愛着は抑うつの軽減に関連していたと報告しています（42：Garrity ら 1989）。

ペットは、患者の不安の解消して、健康への自信をもたらす

一方、オーストラリアの Lisa らの横断的研究では（3：Lisa ら 2005）、ペットを飼っている人は飼っていない人に比べて、自分の健康状態が明らかに良い、あるいはとても良い健康状態であると回答しており、過去１年間のメンタルヘルス問題に関して、ペットを飼っている人はうつや不安の診断を受けた人が少なかったという結果が出ています。また、孤独であると回答した人は、ペットを飼っている人では明らかに少なく、めったに孤独だと感じない、または全く孤独だと感じないと回答した人が多くいました。

これは、諸井の孤独感とペットに対する態度に関する調査結果

（43：諸井 1984）にも共通しており、以上の先行研究の結果を踏まえると、日本でも、孤独感やうつ、抑うつ状態に関して、更なる研究が進められることが求められます。

日本の施設でもペットを導入して、効果を上げている

我が国において、養護老人ホームや老健施設、グループホーム、知的障害者・心身障害児施設などの施設職員を対象とした調査では、87.3％の職員がアニマルセラピーについて知っている、51.1％がアニマルセラピーを行ってみたいと回答しています（44：成田ら 2003）。また、病院に勤務する看護師を対象とした調査では、65.4％の看護師が動物介在活動・療法について知っていると答え、51.4％の看護師が動物を用いた看護援助は有効だと答えています（45：熊坂ら 2006）。これらの結果をみると、日本の看護職に AAT（動物介在療法 / Animal Assisted Therapy）や AAA（動物介在活動 / Animal Assisted Activities）が知られ、実践しやすくなってきていると考えられます。

実際に、入院中の認知症患者に対する AAT では、GBS スケール（認知症状評価尺度）の結果から、自発活動が増加し、速い動作の困難さが減少している傾向が見られました（46：鈴木ら 2004）。通所デイケアに通う認知症患者を対象とした AAT でも、介護者による家庭内の問題行動尺度 Behave-AD で問題行動の減少や介護負担度の軽減が認められ（47：鈴木ら 2002）、同様に、通所デイケアに通う認知症患者を対象とした研究（48：金森ら 2001）では、

施設でペットを導入することは効果的です!

老健施設や通所デイケアで犬を用いた場合

- 緊張や抑うつの程度が低くなった
- 問題行動が減って、介護の負担も減った

N-ADL（N 式老年者用精神状態評価尺度）、MMSE（認知症スクリーニング検査）、Behave-AD（介護者による家庭内問題行動）、ビデオを用いた表情分析、唾液による内分泌学的評価を実施しており、Behave-AD と表情分析で明らかな差が見られました（この差だけをみて AAT そのものの効果と結論付けることは困難ですが、問題行動の改善や残存機能が維持できる可能性が見受けられました）。さらに、EAP（従業員支援プログラム）におけるストレスマネジメントに AAT を用いた研究では、50 分間の AAT の前後で GHQ（精神健康調査票 /The General Health Questionnaire）および STAI（状態―特性不安尺度 /State-Trait Anxiety Inventory）の改善が見られました（49：市川ら 2004、50：西川ら 2005）。

ある研究によると、ＡＡＴ（アニマルセラピー）が実施されている施設で、小児がん患者を対象としてアニマルセラピーの前後に唾液を採取したところ、オキシトシンを示す数値の上昇がみられたという報告があります。オキシトシンは「幸せホルモン」や「愛情ホルモン」とも呼ばれ、この神経伝達物質が増加しているということは、ストレスが緩和されていると推察でき、施設でペットを導入することは効果的であると考えられます。

このように、日本では、各種施設内で AAT の研究が進められていますが（51：角田ら 2020）、今後は施設内だけではなく、また一時的に AAT や AAA を行うだけではなく、犬やペットを飼育している人を対象とした研究が推進されることが期待されます。

ペットを飼うことは、みなさんが生活する社会の総合的な支援につながる

最後にソーシャル・サポート（社会的関係の中でやりとりされる支援）としてのペットの役割について考えてみましょう。

一般的に、ソーシャル・サポートは健康維持と回復に役立つと考えられており、また、ストレスを和らげることで、健康に間接的に働くとも考えられています（52：Antonucci ら 2010）。

Lisa らの研究では、近隣住民とのやり取りについて、ペットを飼っている人の方が、飼っていない人より、明らかに他者のペットを気にかけたり餌をやったり散歩に連れて行ったりし、近隣住民の子ども・家族の世話をしていると報告しています（3：Lisa ら 2005）。このように、ペットを飼うことによってソーシャル・サポートを受けること、逆に提供することが促進され、実際には犬の飼育者の 11.9％が、ペットと一緒に地域活動や社会活動に参加しており、ペットの飼育者はそうでない人より、公共の場のごみを拾う、落書きや公共物汚損を通報する、寄付をする、選挙に参加するなどの市民活動を行っていました。

また、同じ研究で（3:Lisa ら 2005）、犬の飼い主のうち半分が、犬を通じて近隣で人と知り合い、飼育者の約８割が犬の散歩をしており、そのうち８割以上が犬の散歩中に他のペット飼育者と会話をすると答えました。

飼育者にとって、ペットは
コミュニケーションの中心となっている

高齢者が犬と散歩するときの会話を分析した研究では（53：Rogers ら 2001）、犬の飼い主にとって、散歩のときに出会う通行人との会話での主な話題は「犬」であり、犬に話しかけたり、犬の話をしたりすることが、会話の中心となっていました。また飼い主は現在のことについて話すことが多く、飼い主でない人は過去のことについて話すことが多い傾向がありました。なお、犬の飼い主は毎日２回、飼っていない人は１日１回と散歩頻度に違いがみられました。

地域への参加を促進するために、
ペット（犬）はなくてはならない存在

結果として、社会で暮らす上で犬はソーシャル・サポートの１つとして考えられます。ペットの飼い主は社会的な交流や地域問題に関心をもち、地域活動に参加する傾向があることから、動物と暮らすことが地域参加を促進する可能性が期待されます。ペットとの暮らしは人間が屋外で活動し、活動範囲を広げ、その活動を意味づけるために一役買っていることも指摘されており（54：宮村ら 2004）、犬との暮らしは地域住民とのコミュニケーションを活性化し、伴侶として犬がいることで、従来の家庭や社会以外に新たな社会的役割をもつことが可能になると思われます。これ

ペットは地域コミュニティを活性化します！

ペットを連れて散歩する高齢の飼い主は、道ゆく人とペットの話をすることで会話が生まれています。

犬を飼うと地域でソーシャル・サポートを受けたり、提供したりすることができます

・他人のペットを気にかけたり、近隣住民の子ども、家族の世話をする
・公共の場のごみを拾うなどの市民活動をする
・他 のペット飼育者と会話をする

出典：3) The pet connection: Pets as a conduit for social capital? Lisa Wood, Billie Giles-Corti, Max Bulsara. Social Science & Medicine. 2005; 61: 1159-1173.

は我が国の50代以上の人々にとって、今後の生活や健康を左右する重要な要素となるでしょう。例えば、地域で犬と暮らす人々が、犬とともに地域活動に参加して健康づくりや社会的交流を促進したり、50代からの向老期世代が子どもや高齢者の見守りなどに参加することにつなげられる可能性がありますので、今後はその実践方法の研究・開発が必要です。

ただし、社会福祉事業者を対象とした海外の研究では、3分の2の事業者が、最初に行う面接での質問に、コンパニオンアニマルに関する質問を含めていないと報告しています（7：Curtiss 2010）。動物介在に関する研究が進んでいる米国の専門職の間でも、未だペット飼育が人々の生活に与える影響を意味づけられていないとも考えられています。今後は、海外でも日本でも、このような分野の研究が求められます。

なお、高齢者の抑うつ気分に関して、人間によるソーシャル・サポートより、愛情を感じているペットによるサポートの方が重要であったという研究結果を示しましたが（55：Krause-Parello 2012）、一方で、日本での研究（56：金児 2006）では、ペットの飼い主の女性は、ペットへの愛情が強いほど主観的幸福感が低いという報告や、65歳未満でペットを飼っている人は、飼っていない人に比べて親しい友人が多かったのに対し、65歳以上の高齢者になると、親しい友人が少なかったとの報告もあります。

しかし前述したように、ペットの飼い主は、他のペットの飼い主や近隣住民、より広範な地域コミュニティとの積極的な交流や地域問題にも関心を示し、地域活動へ参加する傾向があるといえます。地域でペットと暮らす人が多くを占める現代では、ペット

は家族の一員であるとともに「地域の一員」でもあります。人と動物が共生する社会では、地域コミュニティの活性化が促進され、その共生社会を実現する上で重要な役割を果たし、地域の絆の構築を促すのがペットだと思われます（57：千代田区 2007）。

<文献>

1）Psychological impact of the animal-human bond in disaster preparedness and response. Hall MJ, Ng A, Ursano RJ, et al. Journal of Psychiatric Practice. 2004; 10(6): 368-374.

2）Social work with a pet loss support group in a university veterinary hospital. Dunn KL, Mehler SJ, Greenberg HS. Social Work Health Care. 2005; 41(2): 59-70.

3）The pet connection: Pets as a conduit for social capital? Lisa Wood, Billie Giles-Corti, Max Bulsara. Social Science & Medicine. 2005; 61: 1159-1173.

4）The animal-human bond and ethnic diversity. Curtiss CR, Holley LC, Wolf S. Social Work. 2006; 51(3): 257-268.

5）Dog Walking and Physical Activity in the United States. Ham SA, Epping J. Prev Chronic Dis. 2006; 3(2): 47.

6）Communicating with special populations children and older adults. Brandt JC, Grabill CM. Vet Clin North Am Small Anim Pract. 2007; 37(1): 181-198.

7）Social work practitioners and the human-companion animal bond: a national study. Curtiss CR. Social Work. 2010; 55(1): 38-46.

8）人間とペットの関係の未来へ . ヒトと動物の関係学第 3 巻「ペットと社会」. 森 裕司 , 奥野 卓司 . 岩波書店 . 2008; 1-15.

9）地域老人におけるペット所有状況とペットとの交流 . 安藤 孝敏 , 古谷野 亘 , 児玉 好信 , 他 . 老年社会科学 . 1997; 19(1): 69-75.

10) 動物は自然―ペットからコンパニオンアニマルへ―. ヒトと動物の関係学第 3 巻「ペットと社会」. 養老 孟司 , 的場 美芳子 . 岩波書店 . 2008; 131-154.

11) 意識調査からみた飼い主と犬の関係 . 柿沼 美紀 , 和田 潤子 , 榊原 繭 , 他 . 日本獣医生命科学大学研究報告 . 2008; 57: 108-114.

12)Measuring attachment to companion animals: a dog is not a cat is not a bird. Zasloff RL. Applied animal behavior science. 1996; 47: 43-48.

13)Comparison of strength of the human-animal bond between Hispanic and non-Hispanic owners of pet dogs and cats. Tacher RS, Kogan LR, Wright ML. J Am Vet Med Assoc. 2010; 236(5): 529-534.

14) 東京都における犬及び猫の飼育実態調査の概要 (平成 29 年度). 東京都福祉保健局 . 2017. https://www.fukushihoken.metro.tokyo.lg.jp/kankyo/aigo/horeishiryou/siryou.files/29shiikujittai.pdf

15) 犬による動物介在療法の生理的効果と運動療法への応用の可能性 . 本岡 正彦 , 小池 弘人 , 南出 正樹 , 他 . 看護学雑誌 . 2002; 66(4): 360-367.

16)Pet ownership is good for your health and saves public expenditure too: Australian and German Longitudinal Evidence. Headey B, Grabka M, Kelley J, et al. Australian Social Monitor. 2002; 5(4): 93-99.

17)The epidemiology of dog walking: an unmet need for human and canine health. Bauman AE, Russell SJ, Furber SF, et al. Med J Aust. 2001; 175(11-12): 632-634.
18)Influence of companion animals on the physical and psychological health of older people: an analysis of a one-year longitudinal study. Raina P, Waltner-Toews D, Bonnett B, et al. Journal of the American Geriatrics Society. 1999; 47(3): 323-329.
19)The impact of Dog Walking on Leisure-Time Physical activity: Results From a Population-Based Survey of Michigan Adults. Reeves MJ, Rafferty AP, Miller CE, et al. Journal of Physical Activity and Health. 2011; 8: 436-444.
20)Physical activity, weight status, and neighborhood characteristics of dog walkers. Coleman K, Rosenberg D, Conway T, et al. Preventive Medicine. 2008; 47: 309–312.
21)Dog ownership, walking behavior, and maintained mobility in late life. Thorpe RJ, Simonsick EM, Brach JS, et al. J Am Geriatr Soc. 2006; 54(9): 1419-1424.
22)Understanding Dog Owners' Increased Levels of Physical Activity: Results From RESIDE. Cutt H, Giles-Corti B, Knuiman M, et al. American Journal of Public Health. 2008; 98(1): 66-69.
23)Dog Ownership and Health-Related Physical Activity Among Japanese Adults. Oka K, Shibata A. Journal of Physical Activity and Health. 2009; 6: 1-8.
24)Dog Ownership and Physical Activity: A Review of the Evidence. Christian H, Westgarth C, Bauman A, et al. Journal of Physical Activity and Health. 2013; 10: 750-759.
25)The PPET Study: people and pets exercising together. Kushner RF, Blatner DJ, Jewell DE, et al. Obesity. 2006; 14(10): 1762-1770.
26)Pet Ownership Predicts Adherence to Cardiovascular Rehabilitation. Herrald M, Tomaka J, Medina A. Journal of Applied Social Psychology. 2002; 32(6): 1107-1123.
27)Pet ownership and cardiovascular risk: a scientific statement from the American Heart Association. Levine GN, Allen K, Braun LT, et al. Circulation. 2013; 127(23): 2353-2363.
28)Pet ownership and risk factors for cardiovascular disease. Anderson WP, Reid CM, Jennings GL. Medical Journal of Australia. 1992; 157(5): 298-301.
29)Pet's Presence and Owner's Blood Pressures during the Daily Lives of Pet Owners with Pre-to Mild Hypertension. Friedmann E, Thomas SA, Son HC, et al. Anthrozoös. 2013; 26(4): 535-550.
30)Physiological Effects of Human/Companion Animal Bonding. Baun MM,

Bergstrom N, Langston NF, et al. Nursing Research. 1984; 33(3): 126-129.

31)Beneficial effects of pet ownership on some aspects of human health and behavior. Serpell J. Journal of the royal society of medicine. 1991; 84: 717-720.

32)Physical, social, and psychological characteristics of community-dwelling elderly Japanese dog and cat owners. Taniguchi Y, Seino S, Nishi M, et al. Plos One. 2018; 14,13(11): e0206399.

33)Association of Dog and Cat Ownership with Incident Frailty among Community-Dwelling Elderly Japanese. Taniguchi Y, Seino S, Nishi M, et al. Scientific Reports. 2019; 9: 18604.

34)Stressful life events and use of physician services among the elderly: the moderation role of pet ownership. Siegel JM. Journal of personality and social psychology. 1990; 58(6): 1081-1086.

35)Health Cost Savings: The Impact of Pets on Australian Health Budgets. Baker Medical Research Institute, The centre for public policy, the University of Melbourne. 1995. https://www.petnet.com.au/files/sites/default/files/10064_1.pdf

36)Pets and human health in Germany and Australia: national longitudinal results. Headey B, Grabka MM. Social Indicators Research. 2007; 80: 297-311.

37)Animal companions and one-year survival of patients after discharge from a coronary care unit. Friedmann E, Katcher AH, Lynch JJ, et al. Public health reports. 1980; 95(4): 307-312.

38)Pet ownership, social support, and one-year survival after acute myocardial infarction in the cardiac arrhythmia suppression trial. Friedmann E, Thomas SA. The American Journal of Cardiology. 1995; 76: 1213-1217.

39)Pets, depression and long term survival in community living patients following myocardial infarction. Friedmann EB, Sandra B, Allen KM. Anthrozoös. 2011; 1,24(3): 273-285.

40) 動物介在におけるレクリエーション活動が感情プロフィール(POMS)に及ぼす影響 . 向 宇希 , 杉浦 春雄 , 岡崎 敏朗 , 他 . 日本健康医学会雑誌 . 2005; 14(3): 54-55.

41)Effects of pets versus people visits with nursing home residents. Lutwack-Bloom P, Wijewickrama R, Smith B. Journal of Gerontological Social Work. 2005; 44(3/4): 137-159.

42)Pet ownership and attachment as supportive factors in the health of the elderly. Garrity TF, Stallones L, Marx MB, et al. Anthrozoös. 1989; 3(1): 3-44.

43) 孤独感とペットに関する態度 . 諸井 克英 . 実験社会心理学研究 . 1984; 24(1): 93-103.

44) 動物介在ケア活動の必要性に関する調査研究　これからの動物介在活動や動物介在療法活動の意義 . 成田 琢郎 , 木山 真大 , 川上 智子 , 他 . 山口獣医学雑誌 . 2003; 12(30): 75-85.

45) 病院に勤務する看護師への調査による動物介在についての見解　看護師の動物に対する嗜好 , 動物が介在することに対する認識や考え方の傾向にもとづいた調査研究 . 熊坂 隆行 , 升 秀夫 , 藤村 友佳織 , 他 . Animal Nursing. 2006; 11(1): 49-59.

46) 脳血管性痴呆患者に対する動物介在療法 (ドッグセラピー) の試み . 鈴木 英鷹 , 本多 義治 , 野村 和樹 , 他 . 精神科治療学 . 2004; 19(9): 1121-1125.

47) 痴呆性老人を対象とした動物介在療法 (Animal Assisted Therapy:AAT) の個別の効果と経過の分析 . 鈴木 みずえ , 山本 清美 , 松井 由美 , 他 . 保健の科学 . 2002; 44(8): 639-646.

48) 痴呆性老人デイケアでの動物介在療法の試みとその評価方法に関する研究 . 金森 雅夫 , 鈴木 みずえ , 山本 清美 , 他 . 日本老年医学会雑誌 . 2001; 38(5): 659-664.

49) 動物介在療法 (AAT) を用いた EAP カウンセリングの心理学的および生理学的指標による効果測定の試み . 市川 佳居 , 楪田 京子 , 松井 知子 , 他 . ストレス科学 . 2004; 11,19(2): 103.

50) 動物介在療法 (AAT) を用いた EAP カウンセリングの心理学的および生理学的指標による効果測定の試み . 西川 あゆみ , 市川 佳居 , 楪田 京子 , 他 . 産業精神保健 . 2005; 13: 93.

51) 小児病棟における動物介在療法研究 .　アニマルセラピーは、小児がん患者にオキシトシン分泌を促し、心の癒しをもたらす！ 角田 治美 , 龍 由季乃 , 夏目 百合子 , 他 . 動物介在療法に関する世界研究論文レビュー報告書：ペットフード協会研究委託事業 . 2020.

52)Social Support, Encyclopedia of STRESS, Second Edition. Antonucci TC, Lansford JE, Ajrouch KJ. ストレス百科事典 . 2010; 1819-1822. http://pub.maruzen.co.jp/index/kokai/stress/Stress477.pdf

53)The role of pet dogs in casual conversations of elderly adults. Rogers J, Hart LA, Boltz RP. The journal of social psychology. 2001; 133(3): 265-277.

54) 犬の散歩と地域社会 . 宮村 春菜 , 野中 健一 . ヒトと動物の関係学会誌 . 2004; 14: 37-43.

55)Pet ownership and older woman: the relationships among loneliness, pet attachment support, human social support, and depressed mood. Krause-Parello CA. Geriatric nursing. 2012; 33(3): 194-203.

56) コンパニオン・アニマルが飼主の主観的幸福感と社会的ネットワークに与える印象 . 金児 恵 . 心理学研究 . 2006; 66(1): 1-9.

57) 人と動物の共生ガイドブック―ペットと幸せに暮らす―. 千代田保健所生活衛生課 . 2007.

第3章 ペットが特定の患者にもたらす効果

犬がもつ特殊能力は、がんの早期発見にも役立つ

犬は、優れた嗅覚で爆発物や薬物を発見できるため、警察や民間で活用されています。こうした、犬がもつ「においの特性」を判別する能力を他の分野でも生かすことはできないかと研究を重ねた結果、がんを効果的に見つけられることがわかりました（1：Lippiら2012)。これまでの予備調査では、訓練された犬が体幹、尿、汗、呼吸と血液の「においの特性」を嗅ぎ分け、前立腺がん、乳がん、卵巣がん、肺がんを発見することができ、悪性黒色腫を発見できる特別な能力があることもわかっています。

最新の世界がん統計によると、がんは世界的に増え続け、治療に要する経済的負担も増えています。そのため、がんを早期発見できる効果的な診断方法の実用化が求められており、犬の能力を生かし、がんを早期発見する方法への期待が高まっています。次から、その研究結果について概要を紹介しましょう。

被験者たちの匂いを嗅ぎ、致死率が高い皮膚がんを発見

まず、悪性黒色腫についてみてみましょう。悪性黒色腫は皮膚が

んの一つであり、死に至る確率の高い病気です。日本でも増加しており、全国の医師は、黒色腫がんの約 80% を見つけるものの、昨年は 6,500 人の患者が死亡しています。

悪性黒色腫について、フロリダ州の皮膚科の医師が試験的な研究を行っています（2：Los Angeles Times 1996）。その研究では、医師と犬の調教師がサポートを行い、犬が被験者たちのにおいを嗅ぎました。調教師が犬に「私にがん患者を見せて」と言うと、犬はその人の足を持ち上げて、がん患者を示し、がんを確定しました。皮膚科医はまだ広範な研究が必要だとしていますが、犬の特殊な能力は、がんの早期発見に役立つといえるでしょう。

トレーニングを積んだ犬が尿のにおいから前立腺がん患者を正しく判定

犬の嗅覚でがんを発見する研究は、他の部位のがんでも行われています。前立腺がん、肺がん、乳がんなどで、犬の嗅覚を活用した悪性がんの診断方法に関する研究結果が発表されています。

例えば、前立腺がんに関する研究をご紹介しましょう（3：Cornu ら 2011）。その研究では、がんを識別するトレーニングを 24 ヶ月間積んだ犬が、尿のにおいから、33 人中 30 人の前立腺がん患者を正しく判定し、前立腺がんにかかると、尿中に揮発性有機化合物（VOC）を放出するという報告をしています。つまり、尿中の揮発性有機化合物が、がん発見のバイオマーカーになるということです。

発見が遅れがちで死亡率が高い卵巣がん、犬のサポートで早期発見する方法に期待

次に卵巣がんについてみてみましょう。

犬を使って卵巣がんを見つける研究では、犬はがんそのものではなく、がんに関連した炎症や代謝産物に反応しているのではないかという疑問がありました。そのため、がんに特有のにおいがあるのかどうかをはっきりさせるための研究が行われています。

ある研究では、独自のトレーニング法で訓練した犬を用いて、犬にも研究者自身にも結果がわからない状態で実験したところ、犬はがん患者を全て発見し、がんではない人を97.5%の割合で見分けました。この研究では、卵巣がんのにおいが膣がんや子宮内がんといった女性の他の悪性がんとは異なり、独自であることも述べられています（4：Horvath ら 2008)。

卵巣がんの死亡率が高い理由は、発見が遅れるためです。犬のサポートで、早期に低価格で卵巣がんを発見できる方法の開発が期待されます。

訓練を受けた犬が患者の尿のにおいから甲状腺がんや良性腫瘍を高確率で正しく発見

今度は、甲状腺がんについてみてみましょう。

現在の甲状腺がんの診断はまれに不確実な場合もあるため、不必要な手術につながっています。そのため、アメリカのある医師は、

犬の特殊能力は病気の早期発見にも役立つと期待されます！

私たちの嗅覚を生かして、がんを早期発見する方法への期待が高まっています。

犬の特殊能力によるメリット

- がんの早期発見に貢献する
- 病気を低価格で発見できる
- がんだけではなく「てんかん」の発作にも応用できる

犬を用いて患者の尿から甲状腺がんを発見する研究（5：Aaron 2015）を行いました。この研究からは、においを判別する訓練を受けた雄の犬が、複数の患者の尿のにおいから、甲状腺がんや良性腫瘍を 88.2% の確率で正しく発見したという報告があります。

呼気から肺がんや乳がんも高い割合で判別

他にも、肺がんや乳がんについての研究があります。

トレーニングを重ねた 5 匹の家庭犬に、肺がん患者 55 人と乳がん患者 31 人の呼気、それと健康な 83 人の呼気を嗅がせて、見分けさせました（6：McCulloch ら 2006）。その結果、肺がんと乳がんの両方に関して、がんを見つける確率とがんでないものを判別する確率が高くなりました。訓練した犬は呼気から肺がんや乳がん患者を見分けることができ、早期がんの発見に役立つことがわかりました。

がんだけではなく、てんかん発作の発見など犬の特殊能力は様々な場面で活躍

なお、犬はがん以外の病気の発見にも活躍しています。例えば、訓練された犬はてんかんの発作が起こる前の変化を認識できるという研究報告があります（7：Stephen ら 1999、8：Stephen ら 2011）。まだ科学的に明らかになったわけではありませんが、訓練された犬は人のてんかん発作やそれ以外の健康状況を感知できるようです。

<文献>

1）Canine olfactory detection of cancer versus laboratory testing: myth or opportunity? Lippi G, Cervellin G. Clin Chem Lab Med. 2012; 50(3): 435-439.

2）Police Dog Trained to Sniff Out Cancer. Los Angeles Times. 1996. https://www.latimes.com/archives/la-xpm-1996-01-21-mn-27027-story.html

3）Olfactory detection of prostate cancer by dogs sniffing urine: a step forward in early diagnosis. Cornu JN, Cancel-Tassin G, Ondet V, et al. Eur Urol 2011; 59(2): 197-201.

4）Human ovarian carcinomas detected by specific odor. Horvath G, Järverud GAfK, Järverud S, et al. Integrative Cancer Therapies. 2008; 7(2): 76-80.

5）Scent-trained dog detects thyroid cancer in human urine samples. Aaron Lohr THE ENDOCRINE SOCIETY. 2015.

6）Diagnostic accuracy of canine scent detection in early- and late-stage lung and breast cancers. McCulloch M, Jezierski T, Broffman M, et al. Integr Cancer Ther. 2006; 5(1): 30-39.

7）Seizure-alert dogs — fact or fiction? Val S, Stephen W. Seizure 1999; 8: 62-65.

8）Can seizure-alert dogs predict seizures? Stephen WB, Laura HG. Epilepsy Res. 2011; 97(3):236-242.

我が国で報告された ペットによる健康効果

世界と比較して、日本の研究の状況は？

ここでは、第１編で示された、先進国での報告以外で、我が国で報告された、ペットと人間の健康に関する科学的な根拠（エビデンス）についてまとめています。

我が国における最近の研究論文を集めるにあたっては、調査研究報告の中で、動物、ペット、健康の三つのキーワードで医中誌（医学中央雑誌）を 2019 年２月まで Web 検索しました。

序章

健康寿命の延伸に向けて、我が国を取り巻く環境

世界からみると、日本は要介護状態での生存日数が長い

2018 年の WHO（世界保健機関）の報告書によると、我が国の男女の平均寿命は、世界第 1 位となっています。しかし、男女の平均の健康寿命は世界 2 位であり、要介護状態で生きる生存年数も世界最長となっています。

WHO が示す健康維持要因とは生物の多様性確保を支える仕組みづくり

WHO が示す健康維持のための要因は、望ましい医療とともに、生涯学習を含む教育や社会関係性が保たれ、外出の回数を増やすための交通手段が整い、家族団らんや身だしなみを整える住まいや生きがいや、森林や緑と関連する農業や環境が保たれることとしています（1：WHO 2013)。その社会を実現するためには、全ての命が輝く、生物との豊かなつながり（多様性）を支える仕組みづくりが必要であり、多くの研究が蓄積（2：Kaplan ら 1983、3：Powe ら 2004、4：細江ら 2000、5：宮崎 2002、6：森本ら 2006）されています。

世界の平均寿命ランキング・国別順位

順位	国名	男女の平均寿命(歳)〔2016年〕
1	日本	84.2
2	スイス	83.3
3	スペイン	83.1
4	オーストラリア	82.9
4	フランス	82.9
4	シンガポール	82.9
7	カナダ	82.8
7	イタリア	82.8
9	韓国	82.7
10	ノルウェー	82.5

資料：WHO 2018年版

世界の健康寿命ランキング・国別順位

順位	国名	健康寿命 男女平均(歳)〔2016年〕
1	シンガポール	76.2
2	日本	74.8
3	スペイン	73.8
4	スイス	73.5
5	フランス	73.4
6	キプロス	73.3
7	カナダ	73.2
7	イタリア	73.2
9	オーストラリア	73.0
9	アイスランド	73.0
9	ノルウェー	73.0
9	韓国	73.0

資料：WHO 2018年版

日本の医療過疎地が長寿であるのは医療ミスが少ないだけではなく、自然環境が保たれているから

我が国の平均寿命を国全体でとらえてみると、医療にかかりやすい都市部よりも、標高が高く蛍が飛び交うような医療過疎地の方がむしろ長生きするという報告があります。その理由は、医療ミスが少ないだけではなく、きれいな水や新鮮な空気を含む自然があり、いろいろな生物がいる環境が保たれているためではないでしょうか。

健康寿命の延伸に主眼を置く日本、達成するには医療だけではなく、周囲の環境が大切

我が国が目指すべき、望ましい高齢社会は、長生きすることだけではなく、介護が必要な状態とならずに、健康なまま過ごす「健康寿命」を大切にするとしています。また、より豊かに生きるためにQOL（Quality of Life：生活の質）を高めることも重視しています。なぜなら、健康でないと医療や介護保険にかかる費用だけではなく、本人はもちろん家族の介護負担なども増えるといわれているからです。

WHO は医療以外の分野で健康を形づくるものとして、「教育、輸送、住居、都市開発、工業生産、農業」を挙げています（7：Health Promotion 1991）。また、米国保健社会福祉局が示したHealthy People では、医療が健康に貢献する割合は約 10% 程度

「生物の多様性」が「人」の健康維持にも欠かせません

人の健康は、環境や日々の生活習慣に深い関わりがあります。

いろいろな生き物が繋がっている「生物の多様性」が大切です！

様々な生物がそれぞれの個性を持ちつつ繋がっている「生物の多様性」が「人」の健康維持にも欠かせない

であり、生活習慣（50%）や環境（20%）の方が、医療よりも大きな役割を持つとしており、これは世界的に知られています（8：Healthy People 1979）。

つまり、人間の健康は、環境や日々の生活習慣と深い関わりがあり、人間の体を「環境」ととらえてみると、免疫機能もその一つです。私たちの皮膚や口腔内や腸内はもちろん、母乳や神経の中にも様々なウイルスや細菌がすみついていて、私たちの体を守る仕組みを分担して、優れた免疫機能を発揮しています。腸内細菌や土壌菌やキノコ菌の種類と比較すると、病原菌の種類はごくごく少数であり、その病原菌をむやみに増やさないためには、私たちの体内や体の表面にすみつき、様々な役割をしている「常在細菌」と呼ばれる微生物たちが必要です。様々な生物がそれぞれの個性をもちつつ繋がっている「生物の多様性」が、生物の一つである「人」の健康維持にも欠かせないのです。しかし、最近では、腸内細菌などの良性の細菌が抗生剤によって殺される問題が起こっています。それだけではなく、抗生剤を使うほど、薬に負けないために細菌が強くなり、抗生剤が効きにくくなるという社会問題も起こっており、そのため、抗生剤不耐性菌を出さないようにする取り組みがEU（ヨーロッパ連合）事務局より示され（9：EU 2014）、先進国では風邪をひいても抗生剤を処方されない傾向になっています。

<文献>

1) World health report 2010. World Health Organization. 2013.

2) Perceived health and mortality：a nine-year follow-up of the Human Population Laboratory Cohort. Kaplan GA, Camacho T. American Journal of Epidemiology. 1983; 117(3): 292-304.

3) Mortality and morbidity benefits of air pollution (SO2 and PM10) absorption attributable to woodland in Britain. Powe NA, Willis KG. J Environ Manage. 2004; 70(2): 119-128.

4) 森林浴の心理・生理面への影響についての研究. 細江 雅彦 , 宮下 久子 , 諏訪 浩 , 他 . 下呂病院年報 . 2000; 27: 1-10.

5) 自然と人の関係. 宮崎 良文 . 日本気象学会雑誌 . 2002; 39(3): 72.

6) 森林医学. 森本 兼曩 , 平野 秀樹 , 宮崎 良文 編集 . 朝倉書房 . 2006; 239-252.

7) Supportive environments for health: The Sundsvall Statement. Health Promotion International. 1991; 6(4): 297-300.

8) Healthy People: The Surgeon General Report on Health Promotion and Disease Prevention. United States Public Health Service. 1979.

9) Patients safety in the EU. 2014.

第1章 ペットが健康寿命の延伸にもたらす効果

日本全国、ペットを飼育している高齢者は、長寿の傾向にある

著者らは、全国16市町村に住む高齢者20,551人を調査した後で、その後2年間の生活や健康状態と生存との関係を調べました（1：Hoshiら 2017）。

その結果、犬猫を飼育している人たちの2年後の生存率が、飼育していない人たちより明らかに保たれていました。さらに、犬猫の世話をたくさんしている人ほど、長生きできることを世界で初めて明確にしました（図表2-1-1）。

犬猫の世話をする高齢者を長生きさせる主観的健康感や外出頻度の高まり

同時に、ペットの世話と長生きできるしくみとの関係も明らかになりました。ペットを飼うための条件として最も大切なことは、一定以上の収入があることや、ペットを飼いたいという前向きな気持ちですが、収入額そのものは、その後の生存維持に直接的には連動しておらず、生活満足度や主観的健康感（自分は健康だと思う気持ち）を経由して連動していることがわかりました。こうしたことは性別に関係なく、男女ともほぼ同じような傾向でした。

図表 2-1-1

飼育だけでは充分ではなく、よく世話をする必要があります

犬猫を飼う区分別、世話の程度別に見た二年間累積生存率

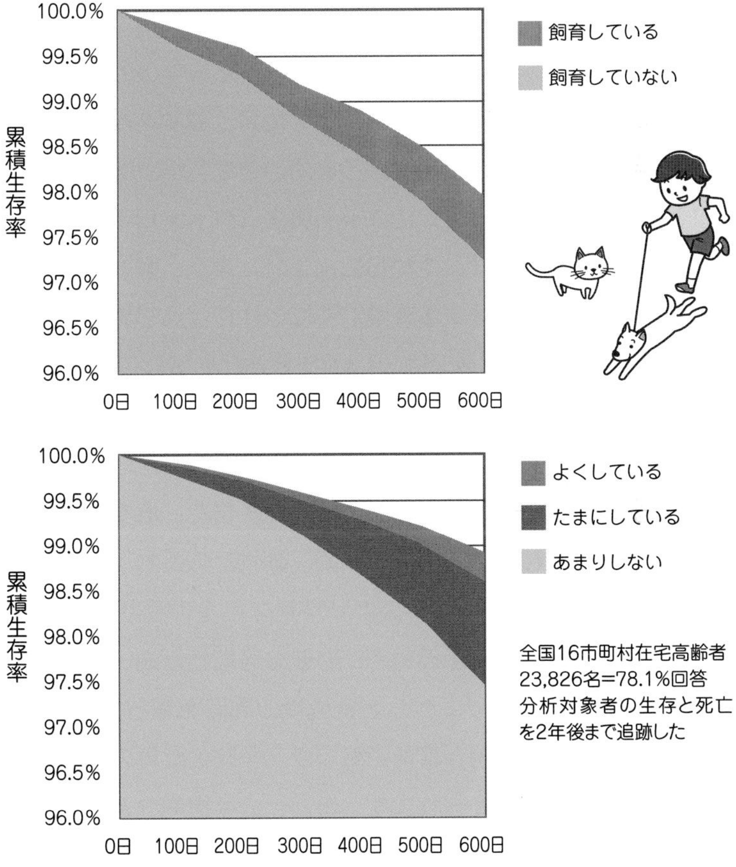

累積生存率

100.0%
99.5%
99.0%
98.5%
98.0%
97.5%
97.0%
96.5%
96.0%

0日 100日 200日 300日 400日 500日 600日

飼育している
飼育していない

累積生存率

100.0%
99.5%
99.0%
98.5%
98.0%
97.5%
97.0%
96.5%
96.0%

0日 100日 200日 300日 400日 500日 600日

よくしている
たまにしている
あまりしない

全国16市町村在宅高齢者
23,826名=78.1%回答
分析対象者の生存と死亡を2年後まで追跡した

出典：我が国の高齢者における犬猫飼育と2年後累積生存率。
星、望月.社会医学研究.33(1):99−109.2016

犬や猫を世話する高齢者は、性別に関わりなく、主観的健康感（自分は健康だと思う気持ち）が高く、外出の回数が多くなり、これらの影響を受けて、最終的に犬や猫を飼っていない人より長生きになることがわかりました（図表 2-1-2）。今後、健康で長生きするためには、ペット飼育を取り入れた新しい健康施策が重要になると思われます。

高齢女性の方が、「かわいい猫がいるから死ねないのよ」という話をよくしていますが、これはペットの飼育と健康を維持するための関連について、本質を表していると思います。ペットとの別れや死別は避けられません。確かにペット喪失（ペットロス）による心身への影響は否定できず、木村らによると、東京と愛知の動物火葬施設の利用者に、精神健康調査票（GHQ28）による追跡調査を実施したところ、死別した直後では37人中22人（59.5%）の遺族が、2ヶ月後には30人中17人（56.7%）の遺族が、4ヶ月後には27人中11人（40.7%）の遺族が精神的な健康のリスクと判定されたという結果を報告しています（2：木村ら 2016）。また、心身の状態に影響を与える要因としては、遺族の年齢、動物との関わり方、家族機能を挙げており、ペットロスにより深刻な心身の症状が2ヶ月以上続く場合には、医師による対応が必要な可能性が高いと考えられるとしています。つまり、ペット喪失後の問題を減らすためには、獣医などの獣医療従事者が事前に気づき、予防のための対応をとることが重要であると考えられます。また、公共機関などがペットの飼い主に対し、ペットとの別れの後に再びペットを飼うことを支援する役割も必要であると思われます。

では、健康で長生きするために必要な条件である、ペットを飼っ

図表 2-1-2

犬猫の世話をしていることが生存日数を直接的に規定する要因となっています（下図は女性群の解析）

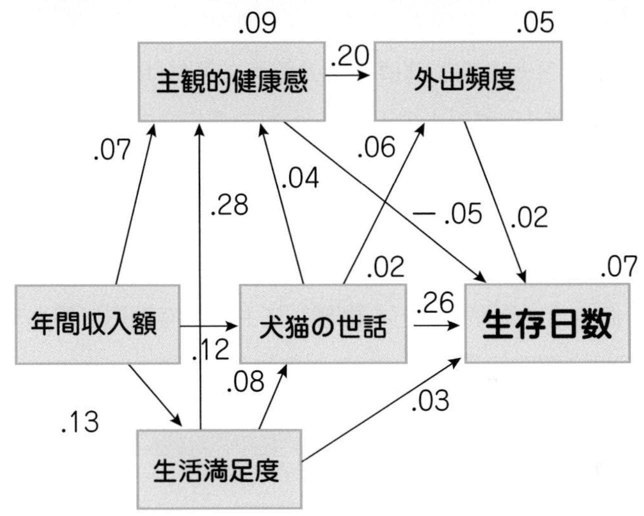

ている人の外出回数の多さと主観的健康感（自分を健康だと思っていること）についてみてみましょう。

まず、外出の回数がペットを飼育している人の健康に与える効果は、アンケートや統計などの結果からも明らかです（3：小林 2013、4：早川ら 2008、5：齊藤ら 2001、6：鈴木ら 2004）。早川らは、犬を飼育している人は、飼育していない人より、体を動かす時間や運動量が増えたと報告しています（4：早川ら 2008）。

また、ペットと主観的健康感との関連を裏付けるものとしては、Berkman らが 16 歳以上の 6,921 人を対象に、主観的健康感が死亡とどう関連するかを 9 年間にわたって追跡した大規模な調査（7：Berkman ら 1979）があり、年齢・性別・身体的健康・健康習慣・社会的ネットワーク・収入・教育・モラール（集団での士気や団結精神）・抑うつ・幸福感などを調整しても、生存期間に最も関連していたのは主観的健康感だったと報告しています。

本研究（1：Hoshi ら 2017）でも、先行する Berkman らや杉澤らの研究（7：Berkman ら 1979、8：杉澤ら 1995）と同じように、主観的健康感が健康状態を規定するという結果となり、犬や猫を飼っていること・世話をしていることで、主観的健康感が保たれることの関係性としくみを解明できたことが、新しい発見となりました。

ペットとアレルギー等の関係が報告される一方 海外ではペットとの接触による喘息の予防が証明

次に、序章で触れた環境面について考えてみましょう。

ペットと免疫機能の関係に目を向けてみると、ペットを飼う場合はアレルギーや呼吸器疾患や皮膚疾患、さらには消化器疾患が増えると報告されています（9：伴ら 2013、10：Okumura ら 1997、11：岡本ら 2010-11）。これは、ペットを飼うことによる、人間側の健康面へのマイナス要素と捉えがちです。しかし、最新の研究報告（12：Fall ら 2015）では、乳幼児期からペットや家畜などと接触すると喘息を予防できることが、乳児 101 万人を 7 年間追跡したスウェーデンの大規模研究で証明されました。

日本でもアレルギー等の増大が報告される一方 ペットと安心して生活できる可能性も報告

日本でも、ペットを飼うことによる健康面へのマイナス要素について、アレルギーや呼吸器疾患、皮膚疾患、そして消化器疾患が増えると指摘されています（9：伴ら 2013、10：Okumura ら 1997、11：岡本ら 2010-11）。伴らは、ペット飼育には癒しの力があるとした一方、喘息が悪化する要因の一つであるとしています。また、奥村らは、犬や猫に触ってアレルギーが起こる割合は、喘息患者群では明らかに高かったと報告しています（10：Okumura ら 1997）。さらに、岡本らが大学生を対象とした気道系アレルギーに関する調査では、ウサギやハムスターを飼うことと、気道アレルギー症状が出ることとの間には、明らかに関連があったと報告しています（11：岡本ら 2010-11）。

反対に、ペットと安心して生活できる可能性についても報告されています（13：小野川ら 1988、14：高山ら 2007、15：岡田ら

2006、16：Ying ら 2014)。小野川らは、1980 年 1 月から約 6 年間、東京都在住の 1,911,305 人の健康な人の便からサルモネラ菌の検出を行ったところ、保菌者はわずか 2,615 人（0.14%）でした。保菌者はカメ、犬、猫のいずれかを飼育していたものの、この割合をみると、人畜感染症が多いわけではないと考えられます。また、下痢をしている飼育犬の便の細菌は、飼い主には感染しにくいと報告されています（13：小野川ら 1988)。高山らは、下痢症状のある飼い犬と、その飼い主 21 組に便細菌検査を行い、便培養の条件下では、便の中に赤痢菌、カンピロバクター、サルモネラ菌はいなかったため、下痢症状を示す飼い犬から飼い主に有害な細菌が感染する可能性は極めて低いと報告しています（14：高山ら 2007)。他にも、岡田らが動物由来（動物から人にうつる）感染症の実態について調査していて、2004 年 4 月下旬から 6 月末に福井県庁健康増進課、福井県衛生環境研究センター、福井県家畜保健衛生所を訪問し、動物由来感染症を中心に試料収集や聞き取り調査を行ったところ、県内で大きな問題は起きていないと報告しています（15：岡田ら 2006)。

元来、人間の生活は、細菌や生物と共存関係にある

元々、人間はさまざまな細菌や生物とともに生きています。人間の皮膚や口の中や消化管（特に小腸や大腸）には、膨大な細菌がすみつき、優れた免疫機能が働いています。腸内細菌フローラ（大腸にすむ膨大な細菌）が脳を制御している可能性すら指摘されている

ほどです。人は乳幼児期から、こうした細菌たちと接触し、免疫機能をより活性化させて、健康を維持している可能性がとても高いのです。造血幹細胞移植（白血病や再生不良性貧血などの治りにくい病気の患者が受ける治療）をした成人 80 人の治療後の様子を調査したところ、さまざまな腸内細菌がいる方がその後も長生きできることがわかっています（16：Ying ら 2014）。

菌のいない無菌状態の羊水で生育してきた新生児は、出産の際に産道を通り、腸内細菌を獲得しています。初期の母乳には免疫グロブリン（免疫に大きな役割を持つ血液中のたんぱく質）が豊富ですが、母乳にも免疫の役割を果たす細菌が豊富に含まれていることが明らかになっています。

我が国でみられる除菌ブームは、このような役立つ細菌も殺してしまう恐れがあることを知っておく必要があるでしょう。

人と生活することで良い環境に身を置くペットは腸管系ウイルスの保有や感染が極めて少ない

また、人と生活することで良い環境に身を置くペットは、腸管系ウイルスに感染している確率が極めて低いことも報告されています。杉枝らは、人獣共通感染症の実態を把握するため、家庭内で飼っている犬と猫を対象に、腸管系ウイルスの分離と下痢症ウイルスの検出を試みました。その結果、ペットは人とより良い生活環境で過ごせば、腸管系ウイルスの保有や感染は極めて少なくなると報告しています（17：杉枝ら 2006）。

住環境に注意が必要だが、予防策を実施すれば健康的なペットとの生活が楽しめる

ただし、住環境においては、注意が必要です。

久米井らは、アトピー性皮膚炎の原因の一つであるダニについて調査し、それに基づいた住宅環境改善の方法を検討したところ、畳の上にカーペットを敷かない配慮が必要であり、フローリングや床暖房を用いることを提案しています（18：久米井ら 1999）。また、喘息などのアレルギーを防ぐためには、環境に配慮した、化学物質を使わない自然素材の建材を使った住宅なども検討してみることを勧めています。

他にも、西條らは、シックハウス症候群の原因として、化学物質とともに湿度環境の変化にも注目する必要があると訴えています。彼らは研究の中で、患者の自覚症状と環境を問診で詳しく調べるとともに、住居などの環境についても測定する必要があるとしています（19：西條ら 2007）。健康的にペットとの生活を楽しむためには、佐藤らが指摘するように（20：佐藤ら 2003）、人獣共通感染症の感染経路や病原体、動物から人への感染源となる動物（伝播動物）などを知り、正しい予防策を実施する必要があると思われます。

なお、人の健康面へのマイナス要素だけではなく、飼育されるペットに対する健康面も考慮しなければ、お互いに生を楽しむことはできません。矢野によると、人のペットへの愛着と病気の予防行動で、ペットの健康が左右されるとしています（21：矢野ら 2018）。ペットは愛情を注がれ、家庭の中で人と同様に生活するようになりまし

ペットと快適に暮らすために住環境には注意しましょう

健康的にペットと暮らすためのポイント

・畳の上にカーペットを敷かない
・フローリングや床暖房を用いる
・自然素材の建材を使う

たが、それに伴い生活習慣が乱れ、太りすぎや病気の発生につながっていることもあるため、矢野は飼い主のペットへの愛着がペットの健康に及ぼす影響について、飼い主への質問紙調査を実施しています。その結果、ペットへの愛着としては「執着性愛着」と「気分安定性愛着」があり、「執着性愛着」を持つ飼い主は、ペットへの餌やりが不適切な傾向や、混合ワクチンを接種しない傾向がありました。餌やりが不適切な飼い主の動物は、太り過ぎたり、混合ワクチンを接種しなかったり、急性膵炎にかかることが多いことがわかり、その飼い主の執着性愛着の度合いは高くなっていました。こうしたことから、飼い主のペットへの愛着が「執着性愛着」である場合、不適切な餌やりを介してペットの健康に悪影響を及ぼす可能性があることがわかったのです。したがって、ペットの病気の予防や動物愛護の実現のためには、獣医師はペットへの愛着の質について考慮する必要があり、人間の健康のために、ペットに対し過度な負担をかけて、ペットを犠牲にすることはあってはならないことで、ペットの尊厳を保つことも重要であると思われます。

<文献>

1）The relationship between caring for pets and the two-year cumulative survival rate for elderly in Japan. Tanji Hoshi, Maasa Kobayashi, Naoko Nakayama, et al. American Journal of Medicine and Medical Sciences. 2017; 7(3): 156-164. (犬の世話をすると長生きになれる．犬との暮らし大辞典．Benesse. 2017; 28-29.)

2）ペットロスに伴う死別反応から医師の介入を要する精神疾患を生じる飼主の割合．木村 祐哉，金井 一享，伊藤 直之，他．獣医疫学雑誌．2016; 20(1): 59-65.

3）犬の飼育から人々が得るもの．小林 真朝．聖路加看護大学紀要．2013; 39: 1-9.

4）犬の主たる飼育者の身体活動量と生活習慣病リスクの関係．早川 洋子，小野 正人，新井 今日子，他．民族衛生．2008; 74(2): 45-54.

5）在宅高齢者におけるコンパニオンアニマルの飼育と手段的日常生活動作能力(Instrumental Activities of Daily Living;IADL) との関連　茨城県里美村における調査研究．齊藤 具子，岡田 昌史，上地 勝，他．日本公衆衛生雑誌．2001; 48(1): 47-55.

6）ペット型ロボットを用いた個別アクティビティにおける高齢者の精神的変化．鈴木 みずえ，金森 雅夫，田中 操，他．老年精神医学雑誌．2004; 15(1): 68-75.

7）Social networks, host resistence, and motality：a nine year follow-up study of Alameda County residents. Berkman LF, Syme SL. American Journal of Epidemiology. 1979; 109: 186-204.

8）健康度自己評価に関する研究の展開－米国での研究を中心に. 杉澤 秀博，杉澤 あつ子．日本公衆衛生雑誌．1995; 42(6): 366-378.

9）フェレットが原因抗原と考えられた成人喘息の３例．伴 直昭，廣瀬 正裕，桑原 和伸，他．日本職業・環境アレルギー学会雑誌．2013; 20(2): 69-73.

10) ペットアレルギーの現在の状態 - 田園領域で生活している健康な人及び都市領域で生活している喘息患者によるペット飼育状態の比較に基づいて -. Okumura Etsushi, Kurishita Kazuyoshi, Nakanishi Yoshihiko, et al. Bulletin of the Osaka Medical College. 1997; 43(2): 61-66.

11) 小児期における気道系アレルギーに関する調査研究．岡本 陽子，中桐 佐智子．インターナショナル Nursing Care Research. 2010-2011; 9(4): 29-41.

12)Early exposure to dogs and farm animals and the risk of childhood asthma. Fall T, Lundholm C, Ortqvist AK, et al. JAMA Pediatr. 2015; 169(11): e153219 .

13) サルモネラ健康保菌者とペット用カメ飼育との関係に関する調査．小野川 尊，天野 祐次．日本公衆衛生雑誌．1988; 3: 146-150.

14) 飼育犬および飼い主における下痢菌伝播に関する調査．高山 直秀，杉山 和寿，高橋 英雄，他．Progress in Medicine. 2007; 27(2): 421-424.

15) 福井県における動物由来感染症の実態と対応．岡田 晃斉，佐藤 亜矢子，長澤 誠司，他．大原綜合病院年報． 2006; 46: 5-10.

16)The effects of intestinal tract bacterial diversity on mortality following allogeneic hematopoietic stem cell transplantation. Ying Taur, Robert RJ, Miguel-Angel P, et al. Blood. 2014; 124: 1174-1182.

17) 愛玩動物におけるヒト腸管系ウイルスの保有状況に関する調査研究 . 杉枝 正明 , 足立 聡 , 稲吉 恵 , 他 . 静岡県環境衛生科学研究所報告 . 2006; 48: 19-22.

18) 治り難いアトピー性皮膚炎 アトピー性皮膚炎におけるダニ学 . 久米井 晃子 , 岩脇 明英 . アレルギーの臨床 . 1999; 19(5): 385-390.

19) 住環境と感染・アレルギー シックハウス症候群 . 西條 泰明 , 岸 玲子 . 化学療法の領域 . 2007; 23(4): 563-570.

20) ペットを介する病気 ペットを介する子どもの病気 . 佐藤 克 , 高山 直秀 . 小児科 . 2003; 44(5): 761-770.

21) ペットへの愛着がペットの給餌傾向、ボディ・コンディション・スコア、疾病と予防行動に及ぼす影響 . 矢野 淳 , 勝毛 智子 , 大島 奈々 . 日本獣医師会雑誌 . 2018; 71(7): 361-367.

第2章 ペットと人間の関係についての将来展望

先進国では医療との統合が進むアニマルセラピー 日本でも予防保険制度として活用が期待される

犬や猫を飼育することは、統合医療の一つとしても注目されています。WHOは世界の相補・代替医療（CAM/Complementary and Alternative Medicine；CAM）の動向を紹介しています。CAMとは、アニマルセラピー、カイロプラクティック、漢方、アーユルヴェーダ、心理療法、イメージ療法、気功、食事（栄養）療法、アロマテラピーなどの伝統・伝承医療のことです。WHOによって医学的根拠が認められているCAMは世界に約100ほどあり、西洋医療と代替医療との統合化が推進されている国もあります。しかし、2019年にWHOが示したGLOBAL REPORT ON TRADITIONAL AND COMPLEMENTARY MEDICINE 2019（伝統統合医療世界報告）の世界各国での取り組み項目として、鍼やカイロプラクティックそして漢方などは取り上げられていましたが、動物介在療法は単独では取り上げられていませんでした。

なお、日本おいては、病院でアニマルセラピーを取り入れているところもあります。熊坂らは、山梨県内で「動物とのふれあい活動」を検討している5つの病院の地域連携担当看護師26人を対象に、質問紙法を用いて『動物とのふれあい』に関する意識調査を行った結果、動物が「好き」と答えた人が81%、動物の飼育経験が「ある」

と答えた人が69%、動物とのふれあい活動を「知っている」と答えた人が62%で、動物を用いた看護援助は「有効である」と答えた人が69%でした。これらの結果（1：熊坂ら 2008）から、熊坂らは「動物とのふれあい活動」を病院で実施することは可能であると考え、近年、患者のQOL（生活の質）の向上を目的に、病院で「動物とのふれあい活動」を行っており、「伴侶動物との面会や同居」を、病院と介護・福祉系施設に提供する看護援助法（代替療法）も推進しています。

今後は我が国でもアニマルセラピーが予防のための保健事業として活用される時代となることを期待するとともに、ペットを飼うためには、飼い主が経済的に安定していて、心に余裕があることも必要不可欠であり、そのための環境整備も重要となってくると思われます。

ペットを社会システムにうまく取り入れることが、日本社会の課題

先述した通り、我が国のペットの飼育率は世界的に見れば低く、住宅事情を反映しているせいかペットの種類は小型犬が主流です。飼育率を高めるために、今後は、このようなペットたちと喫煙が禁止のレストランや公共機関に一緒に行けるようにする仕組みづくりも課題となるでしょう。

また、社会ネットワークのひとつである地域活動やボランティア活動の視点からみれば、犬や猫を飼う、とりわけ犬を飼うことは外出の機会を増やすきっかけとなる可能性があり、社会との交流の促

進につながると考えられます。

なお、社会ネットワークと死亡率との関連についての追跡研究は、海外ではBerkmanらによって報告されています（2：Berkmanら 1979)。一方、日本では宗像が、社会的支援を、安心感、信頼感、親密感、自己価値観、希望などを得られる情緒的支援と、手伝い、金銭、物品、情報などを得られる手段的支援に分類し、周囲からこうした支援を多く受けている人ほど、生存日数が短くなることを示しています（3:宗像 1987)。ここで考慮しなければならないのは、多くの支援が必要な人は、体調が悪い人であるという可能性があるということです。また、北村らは生活活動能力の高さが長生きに役立つことを報告しており（4：北村ら 2004)、杉澤らは運動をどのくらいするかが、どのくらい生きられるかに影響する可能性があるとしています（5：杉澤ら 1998)。これらのことからも、生存維持のためには他者に依存せず、自らの運動能力を保つことが重要であることを確認できたといえます。

さらに、 村中によると、「地域包括ケアシステム」の中で獣医師会が、高齢者にとって動物を飼いやすくする社会システムを作り、健康寿命の延伸を促進させることの重要性を訴えています（6：村中 2015)。他にも、越村は、QOL(生活の質)を高めるためにペットとの暮らしを推進することについて、ペットに関連する協会が真剣に取り組み、行政府、市区町村、教育機関、国民に効果的に広報することにより、医療費を減らす効果があると報告しています（7:越村 2015)。この研究の中で、ペット業界は人間の心と体の健康に役立つ「健康産業」、「教育産業」、「平和産業」であり、究極的には「幸せ創造産業」であると推察しています。ただし、ペットを飼

社会システムにペットをうまく取り入れることが大切です

ペットを社会システムに取り入れた場合

・外出の機会が増えて、社会との交流を促進する
・高齢者は犬の散歩により運動量が増えて、健康寿命が延伸する
・医療費の削減にも効果がある

うための経済的な基盤を作り、前向きに生きることを可能にするには、公的機関による支援や環境づくりが必要であるとも述べています。

以上のことをまとめると　乳幼児や子どもにとって、ペット飼育は心の落ち着きや成長に役立つといえます。また、マイナス要素であるアレルギーや喘息などは、生まれたばかりの赤ちゃんのときからペットと同居することで、改善できる可能性があることもわかりました。

成人や高齢者にとっては、ペットを飼うことはストレス対処行動(ストレスに対応するために行う行動)にも役立ち、高齢者の場合は、犬や猫を飼うだけよりも、犬や猫の世話をすることが外出を増やし、主観的健康感を高め、結果的に、その後の生存期間が長くなるという関連構造が明確にされているといえます。

<文献>

1）地域連携を担当している看護師への『動物とのふれあい』に関する意識調査．熊坂 隆行，升 秀夫，片岡 三佳，他．日本看護学会論文集 看護総合．2008; 39: 263-265.

2）Social networks, host resistence, and motality: a nine year follow-up study of Alameda County residents. Berkman LF, Syme SL. American Journal of Epidemiology. 1979; 109: 186-204.

3）行動科学からみた健康と病気ー現代日本人のこころとからだ．宗像 恒次．メジカルフレンド社．1987.

4）脳卒中予防対策地域における脳卒中発生状況と重症度の推移に関する疫学的研究．北村 明彦，山海 知子，小西 正光，他．日本公衆衛生雑誌．2004; 51(1).

5）地域高齢者の心身の健康維持に有効な生活習慣．杉澤 あつ子，杉澤 秀博，柴田 博．日本公衆衛生雑誌．1998; 45(2): 104-111.

6）東京都獣医師会の取り組み．村中 志朗．獣医畜産新報．2015; 68(7): 495-500.

7）ペットフード協会の取り組み，ペットの頭数の激減期ならびに人口減少、少子化・高齢化時代を迎え、小動物獣医界には新たな動きが今求められている．越村 義雄．獣医畜産新報．2015; 68(7): 507-514.

参考資料

英語論文

<英国ウォルサムペット研究所報告書>

・Respiratory Tract Illnesses During the First Year of Life: Effect of Dog and Cat Contacts
Eija Bergroth, Sami Remes, Juha Pekkanen, Timo Kauppila, Gisela Büchele and Leea Keski-Nisula
DOI: 10.1542/peds.2011-2825 Pediatrics 2012;130;211
生後 1 年未満の乳児の気道疾患と犬や猫との接触効果

・Does dog or cat ownership lead to increased gastroenteritis in young children in South Australia?
J. S. HEYWORTH, H. CUTT AND G. GLONEK
Epidemiol. Infect. 2006;134(5):926-934.
南オーストラリアにおける犬や猫の飼育は子供達の胃腸炎の原因になるか？

・Family Dog Ownership and Levels of Physical Activity in Childhood: Findings From the Child Heart and Health Study in England
Christopher G. Owen, Claire M. Nightingale, Alicja R. Rudnicka, Ulf Ekelund, Alison M. McMinn, Esther M.F. van Sluijs, Simon J. Griffin, Derek G. Cook, and Peter H. Whincup
American Journal of Public Health, September 2010, Vol 100, No. 9, 1669-1671
家庭での犬飼育と幼少時代の身体活動レベル：英国の子供達の心臓と健康

・Is dog ownership or dog walking associated with weight status in children and parents?
Anna Timperio, Jo Salmon, Binh Chu and Nick Andrianopoulos
Health Promotion Journal of Australia 2008: 19(1)
犬の飼育や犬の散歩は子供達や親の体重と関連があるか？

・Exposure to Dogs and Cats in the First Year of Life and Risk of Allergic Sensitization at 6 to 7 Years of Age
JAMA. 2002;288(8):963-972
Dennis R. Ownby, Christine Cole Johnson, Edward L. Peterson
生後 1 年未満の乳児の犬や猫との接触と 6-7 歳児のアレルギー性過敏症の危険性

・Effect of Cat and Dog Ownership on Sensitization and Development of Asthma among Preteenage Children

Matthew S. Perzanowski, Eva Rönmark, Thomas A. E. Platts-Mills, and Bo Lundbäck
Am J Respir Crit Care Med Vol 166(5). pp 696–702, 2002
DOI: 10.1164/rccm.2201035
思春期前の幼少期の過敏症や喘息の悪化に対する犬猫飼育の効果

・Childhood asthma and continuous exposure to cats since the first year of life with cats allowed in the child's bedroom
D. Oberle, E. Mutius, R. Kries
Allergy 2003;58(10):1033–1036
幼少時代の喘息と乳児期の寝室での猫への暴露

・Sensitisation, asthma, and a modified Th2 response in children exposed to cat allergen: a population-based cross-sectional study
Thomas Platts-Mills, John Vaughan, Susan Squillace, Judith Woodfolk, Richard Sporik
Lancet 2001;357(9258):752–756
猫アレルゲン暴露による子供の過敏症、喘息、Th2 細胞反応に関する横断研究

・Does early exposure to cat or dog protect against later allergy development?
B. Hesselmar, N. Aberg, B. Aberg, B. Eriksson and B. Björkstén
Clinical and Experimental Allergy, 1999, Volume 29, pages 611–617
猫や犬との早期暴露はその後のアレルギー悪化を防御できるか

・Beneficial effects of pet ownership on some aspects of human health and behaviour
James Serpell
Journal of the Royal Society of Medicine, 1991;84,717-720
ペット飼育による人間の健康と行動への有益な効果

・Dog Ownership and Physical Activity: A Review of the Evidence
Hayley E. Christian, Carri Westgarth, Adrian Bauman, Elizabeth A. Richards, Ryan E. Rhodes, Kelly R. Evenson, Joni A. Mayer, and Roland J. Thorpe, Jr.
Journal of Physical Activity and Health, 2013, 10, 750-759
犬の飼育と身体活動に関する文献レビュー

・Dog Ownership during Pregnancy, Maternal Activity, and Obesity: A Cross-Sectional Study

Carri Westgarth, Jihong Liu, Jon Heron, Andrew R. Ness, Peter Bundred, Rosalind M. Gaskell, Alexander J. German, Sandra McCune, Susan Dawson
PLoS ONE 7(2): e31315. doi:10.1371/journal.pone.0031315
妊娠中の犬飼育と母親の活動と肥満の横断研究

・Dog Ownership and Health-Related Physical Activity Among Japanese Adults
Koichiro Oka and Ai Shibata
Journal of Physical Activity and Health, 2009, 6, 1-8
日本の成人における犬の飼育と健康関連身体活動

・Understanding Dog Owners' Increased Levels of Physical Activity: Results From RESIDE
Hayley Cutt, Billie Giles-Corti, Matthew Knuiman, Anna Timperio, and Fiona Bull
American Journal of Public Health 2008;98(1):66-69.
犬の飼育者の身体活動レベルの向上

・Physical activity, weight status, and neighborhood characteristics of dog walkers
Karen J. Coleman, Dori E. Rosenberg, Terry L. Conway, James F. Sallis, Brian E. Saelens, Lawrence D. Frank, Kelli Cain
Preventive Medicine 47 (2008) 309–312
犬の散歩と身体活動、体重、地域特性

・Pet ownership and risk factors for cardiovascular disease
Anderson, W. P., Reid, C. M., & Jenning, G.L.
Medical journal of Australia :1992;157(5):298-301
ペット飼育と心血管疾患のリスク要因

・Animal Companions and One-Year Survival of Patients After Discharge From a Coronary Care Unit
Friedmann E, Katcher AH, Lynch JJ, Thomas SA.
Public Health Reports 1980;95(4):307-312
ＣＣＵ退院１年後のペット飼育有無による生存率

・Pet Ownership Predicts Adherence to Cardiovascular Rehabilitation
Mary M. Herrald, Joe Tomaka, and Amanda Y. Medina
Journal of Applied Social Psychology, 2002;32(6):1107-1123.
ペット飼育が心血管疾患リハビリテーションのアドヒアランスを高める

・Cat ownership and the Risk of Fatal Cardiovascular Diseases. Results from the Second National Health and Nutrition Examination Study Mortality Follow-up Study.
Adnan I Qureshi, MD, Muhammad Zeeshan Memon, MD, Gabriela Vazquez, PhD, MS, and M Fareed K Suri, MD
J Vasc Interv Neurol. 2009;2(1):132–135.
猫の飼育と致命的な心血管疾患のリスクとの関係：第２回国民健康栄養調査における死亡率の追跡調査

・Pet ownership and cardiovascular risk: a scientific statement from the American Heart Association.
Levine GN, Allen K, Braun LT, Christian HE, Friedmann E, Taubert KA, Thomas SA, Wells DL, Lange RA
Circulation. 2013;127(23):2353-2363
ペットの飼育と心血管疾患のリスクについて：アメリカ心臓協会による科学的声明

・Domestic and farm-animal exposures and risk of non-Hodgkin's lymphoma in a population-based study in the San Francisco Bay Area.
Tranah GJ, Bracci PM, Holly EA.
Cancer Epidemiol Biomarkers Prev. 2008;17(9):2382-2387.
サンフランシスコ湾岸エリアにおける、ペットおよび農業（産業）動物を飼育した際のホジキン病以外のリンパ腫（NHL）の集団的リスク調査

・Stressful Life Events and Use of Physician Services Among the Elderly:The Moderating Role of Pet Ownership
Judith M. Siegel
Journal of Personality and Social Psychology1990;58(6):1081-1086
高齢者のストレスフルライフイベントと医療利用におけるペット飼育の影響

・Pet ownership and attachment as supportive factors in the health of the elderly
Thomas F.Garrity, Lorann Stallones,Martin B.Marx, and Timothy P.Johnson
Anthrozoös, 1989;3(1):3-44
高齢者の健康サポート要因としてのペット飼育と愛着

・Dog ownership, walking behavior, and maintained mobility in late life.
Thorpe RJ, Simonsick EM, Brach JS, Ayonayon H, Satterfield S, Harris TB, Garcia M, Kritchevsky SB
J Am Geriatr Soc. 2006;54(9):1419-1424.

犬を飼育すること、歩行習慣と高齢者の運動機能維持について

・Pet's Presence and Owner's Blood Pressures during the Daily Lives of Pet Owners with Pre- to Mild Hypertension
Erika Friedmann, Sue A. Thomas, Heesook Son, Deborah Chapa & Sandra McCune
Anthrozoös 2013;26(4):535-550
高血圧予備群と、中度高血圧をもつ人における、普段の生活でペットを飼育することによる血圧との関連

・Pets, early adolescents, and families
Anita Miller Covert , Alice Phipps Whiren , Joanne Keith & Christine Nelson
Marriage & Family Review 1985;256(57):95-108
ペット、思春期そして家族

・Children's representations of pets in their social networks.
McNicholas J, Collis GM.
Child Care Health Dev. 2001;27(3):279-294.
社会のネットワークという見地から、子どもがペットをどのように表現するか

・Pet ownership, dog types and attachment to pets in 9–10 year old children in Liverpool, UK
Carri Westgarth, Lynne M Boddy, Gareth Stratton, Alexander J German, Rosalind M Gaskell, Karen P Coyne, Peter Bundred, Sandra McCune,6 and Susan Dawson
BMC Vet Res. 2013; 9: 102.
イギリス、リバプールに住む 9-10 歳の子どもにおけるペットの飼育、犬の種類、およびペットへの愛着について

・Pets, depression and long term survival in community living patients following myocardial infarction.
Friedmann EB, Sandra B, Allen KM.
Anthrozoös. 2011;24(3):273-285.
心筋梗塞後の、ペット、鬱（うつ）、地域に住む患者の長期生存性について

・Social buffering: relief from stress and anxiety
Takefumi Kikusui, James T Winslow, and Yuji Mori.
Philos Trans R Soc Lond B Biol Sci. 2006;361(1476):2215-2228.

社会的緩衝的役割：ストレスと心配の軽減

・Pet ownership, but not ace inhibitor therapy, blunts home blood pressure responses to mental stress.
Allen K, Shykoff BE, Izzo JL Jr.
Hypertension. 2001;38(4):815-820.
ACE 阻害剤ではなく、ペットの飼育をすることよる、ストレスに対する家庭での血圧の急上昇を防ぐ

・Cardiovascular reactivity and the presence of pets, friends, and spouses: the truth about cats and dogs.
Allen K, Blascovich J, Mendes WB.
Psychosom Med. 2002;64(5):727-739.
心循環器系とペット、友人、配偶者の存在との関係について：犬と猫の飼育の影響の真相を探る

・More Than a Furry Companion: The Ripple Effect of Companion Animals on Neighborhood Interactions and Sense of Community.
Max Bulsara , Lisa Wood , Billie Giles-Corti and Darcy Bosch.
Society Animals 2007, 15:43-45
ふわふわした毛のついたお友だちとしてだけでなく：身近なかかわりおよび、社会との連帯感という観点からの伴侶動物の波状効果について

・Spouses and cats and their effects on human mood
Dennis C. Turner, Gerulf Rieger & Lorenz Gygax.
Anthrozoös 2003;16(3):213-218
配偶者と猫が人の気分にどのような影響を与えるのか

・Psychological Health in a Population of Australian Cat Owners
Cheryl M. Straede & Richard G. Gates M.D.
Anthrozoös 1993;6(1):30-42
オーストラリアにおける猫の飼育者の精神的健康について

・How Depressive Moods Affect the Behavior of Singly Living Persons Toward their Cats
Gerulf Rieger, Dennis C. Turner.
Anthrozoös 1999;12(4):224-233
うつ的なムードをもつ一人住まいの人が示す態度が、どのように同居する猫に対し

て影響するか

・AIDS diagnosis and depression in the Multicenter AIDS Cohort Study: the ameliorating impact of pet ownership.
Siegel JM, Angulo FJ, Detels R, Wesch J, Mullen A.
AIDS Care. 1999;11(2):157-170.
エイズの診断と「うつ」についての多角的コーホート研究：ペット飼育の良好な影響について

・Another Breed of "Service" Animals: STARS Study Findings about Pet Ownership and Recovery from Serious Mental Illness
Jennifer P. Wisdom, Goal Auzeen Saedi, BA, and Carla A. Green,
Am J Orthopsychiatry. 2009;79(3):430–436.
ペット飼育の新たなる社会的貢献について：経過・回復戦略研究法（STARS）を用いた重篤な精神的な疾患からの回復の研究

・Pets' Roles in Parents' Bereavement
Sherril L. Adkins & D. W. Rajecki
Anthrozoös 1999;12(1):33-42
両親にとって励みとなるペットの役割

・Health Cost Savings: The Impact of Pets on Australian Health Budgets
Baker Medical Research Institute, The centre for public policy, the University of Melbourne. 1995. https://www.petnet.com.au/files/sites/default/files/10064_1.pdf
健康維持経費の減少：ペット飼育によるオーストラリアの医療費の削減

・Pets and human health in Germany and Australia: national longitudinal results
Headey B, Grabka MM.
Social Indicators Research 2007;80:297–311
ドイツとオーストラリアにおけるペットと人の健康：国民縦断調査

・Pet Ownership is Good for Your Health and Saves Public Expenditure Too: Australian and German Longitudinal Evidence
Headey, Bruce; Grabka, Markus; Kelley, Jonathan; Reddy, Prasuna; Tseng, Yi-Ping.
Melbourne Institute of Applied Economic and Social Research, Australian Social Monitor. 2002;5(4):93-99

ペットを飼育することは健康が維持され公的医療費も削減される：オーストラリアとドイツにおける縦断的研究

・Pet Dogs Benefit Owners’ Health: A ‘Natural Experiment’ in China
Bruce Headey, Fu Na, Richard Zheng.
Social Indicators Research. 2008;87(3):481-493
犬の飼い主の健康に対するペット飼育の寄与：中国での試みについて

・The Young Children's Empathy Measure: reliability, validity and effects of companion animal bonding.
Poresky RH.
Psychol Rep. 1990;66(3 Pt 1):931-936.
子どもたちの思いやりの指標：信頼、有効性、動物との絆の影響

・Pet Ownership, Type of Pet and Socio-Emotional Development of School Children
Vlasta Vizek Vidović, Vesna Vlahović Štetić & Denis Bratko
Anthrozoös 1999;12(4):211-217
学校に通う子どもたちにおけるペットの所有、ペットの種類、そして社会情緒的発達との関係

・HOW VERY YOUNG CHILDREN THINK ABOUT ANIMALS
DeLoache, Judy S.; Pickard, Megan Bloom; LoBue, Vanessa.
American Psychological Association 2011,85-99
幼い子どもたちはどのように動物を考えるのか

・The effects of the presence of a companion animal on physiological arousal and behavioral distress in children during a physical examination.
Nagengast SL, Baun MM, Megel M, Leibowitz JM.
J Pediatr Nurs. 1997;12(6):323-330.
子どもにおけるコンパニオンアニマルの生理的覚醒及びストレスに対する効果

・Companion Animals Alleviating Distress in Children
Hansen, K. M., Messinger, C. J., Baun, M. M., Megel, M.
Anthrozoös, 12(3), 142-148.
子どもに対するコンパニオンアニマルのストレス軽減効果

・Canine visitation (pet) therapy: pilot data on decreases in child pain perception.

Sobo EJ, Eng B, Kassity-Krich N.
J Holist Nurs. 2006;24(1):51-57.
ペットセラピー～痛み緩和に対する予備的データ～

・Animal-assisted therapy as a pain relief intervention for children.
Braun C, Stangler T, Narveson J, Pettingell S.
Complement Ther Clin Pract. 2009;15(2):105-109.
子どもに対する痛み緩和介入としての動物セラピー

・Impact of animal-assisted therapy for outpatients with fibromyalgia.
Marcus DA, Bernstein CD, Constantin JM, Kunkel FA, Breuer P, Hanlon RB.
Pain Med. 2013;14(1):43-51
繊維筋痛症の外来患者に対する動物セラピーの効果

・Animal-assisted therapy at an outpatient pain management clinic.
Marcus DA, Bernstein CD, Constantin JM, Kunkel FA, Breuer P, Hanlon RB.
Pain Med. 2012;13(1):45-57.
ペインクリニックの外来患者に対する動物セラピー

・Can therapy dogs improve pain and satisfaction after total joint arthroplasty? A randomized controlled trial.
Harper CM, Dong Y, Thornhill TS, Wright J, Ready J, Brick GW, Dyer G.
Clin Orthop Relat Res. 2015;473(1):372-379.
セラピードッグは関節形成術後の痛みや満足感を改善するか？ランダム化比較試験

・Do animal-assisted activities effectively treat depression? A meta-analysis.
Souter M. A., Miller M. D.
Anthrozoös, . 2007;20(2):167-180.
動物セラピーは鬱への効果的な治療か？メタ解析

・Canine-assisted therapy for children with ADHD: preliminary findings from the positive assertive cooperative kids study.
Schuck SE, Emmerson NA, Fine AH, Lakes KD.
J Atten Disord. 2015;19(2):125-137.
注意欠陥・多動性障害の小児に対するドッグセラピー：予備的な知見

・Preschoolers Make Fewer Errors on an Object Categorization Task in the Presence of a Dog.

Gee N R, Church M T, Altobelli C L .
Anthrozoös, 2010;23(3):223-230.
犬がいることによって保育園児の対象物分類課題の誤答が減少する

・The Role of Therapy Dogs in Speed and Accuracy to Complete Motor Skills Tasks for Preschool Children.
Gee Nancy R, Harris Shelly L, Johnson Kristina L.
Anthrozoös, 2007;20(4):375-386.
保育園児に対するセラピードッグの運動能力課題の速さと正確性への役割

・Preschoolers' adherence to instructions as a function of presence of a dog and motor skills task.
Gee N R, Sherlock T R, Bennett E A, Harris S L.
Anthrozoös, 2009;22(3):267-276.
犬がいることによって保育園児の造形課題の指示の追従が促進させる

・Behavior of children with learning disabilities interacting with a therapy dog.
Limond J A, Bradshaw J WS, Cormack K F M.
Anthrozoös, 1997;10(2-3):84-89.
学習障害児がセラピードッグと関わることでの行動

・Behavioral effects of the presence of a dog in a classroom.
Kotrschal K, Ortbauer B.
Anthrozoös, 2003;16(2):147-159.
教室に犬がいることによる行動への効果

・The value of a dog in a classroom of children with severe emotional disorders.
Anderson Katherine L, Olson Myrna R.
Anthrozoös, 2006;19(1):35-49.
重度情緒障害児の教室に犬がいることによる価値

・Social Effects of a Dog's Presence on Children with Disabilities.
Esteves Stephanie Walters, Stokes Trevor.
Anthrozoös, 2008;21(1):5-15.
障害児に対する犬がいることによる社会的影響

・The Effect of an Animal-Assisted Reading Program on the Reading Rate, Accuracy and Comprehension of Grade 3 Students: A Randomized Control Study

Marieanna C le Roux, Leslie Swartz, Estelle Swart
Published online: 30 May 2014. Springer Science Business Media New York
小学３年生を対象とする動物が介在する読書効果 (読書速度、正確性、理解度) に関する無作為対照群設定した介入追跡研究

・Preliminary investigation of employee's dog presence on stress and organizational perceptions
Randolph T. Barker,Janet S. Knisely, Sandra B. Barker,Rachel K. Cobb,Christine M. Schubert
International Journal of Workplace Health Management Vol. 5 No. 1, 2012 pp. 15-30
犬がいることでの会社員のストレス反応と組織的認識に関する予備調査

・Patricia McConnell 〝Darwin,Dogs and the Expression of Emotion in People and Animals〟
マッコーネル博士は、犬の飼育と行動関連で 13 冊の著者

・Animal and human behavior Manager's best friend
The Economist Aug 12th 2010 edition from the print edition
管理者が信頼できる犬（職場に犬がいると職場が豊かになる？）

・Study shows companion dogs in groups stimulate cohesion, team satisfaction
Alex Alusheff
Canine Coworkers
動物介在による子供と青年の心の成長

・The value of service dogs for people with severe ambulatory disabilities. A randomized controlled trial.
Allen K, Blascovich J.
JAMA. 1996;275(13):1001-1006.
重度の車椅子者に対する介助犬の介入効果、無作為化介入試験結果

・SOCIALIZING EFFECTS OF SERVICE DOGS FOR PEOPLE WITH DISABILITIES
Lynette A.Hart, Benjamin L.Hart, and Bonita Bergin
Anthrozoös, Volume I, Number 1 41
障がいを持つ人に対する介助犬の社会的交流効果

・Social acknowledegments for children with disabilities: effects of service dogs.
Mader B, Hart LA, Bergin B.
Child Dev. 1989;60(6):1529-1534.
障害のある子どもの社会的認知：介助犬効果

・Guide Dogs for the Mind Ease Path Through Mental Illness
Joan Arehart-Treichel
Psychiatric News October 01, 2010 Volume 45 Number 19 page 14-15
精神疾患に対する心の安定を図る介助犬

・Sentinels of Safety:Service Dogs Ensure Safety and Enhance Freedom and Well-Being for Families With Autistic Children
Burrows KE, Adams CL, Spiers J.
Qualitative Health Research 2008;18(12):1642-1649
自閉症のいる家族にとって、犬との同居で、家族の自由度と生活の質が向上する

・Effect of service dogs on salivary cortisol secretion in autistic children
Viau R, Arsenault-Lapierre G, Fecteau S, et al.
Psychoneuroendocrinology. 2010; 35(8): 1187-1193.
自閉症の子供たちに対する介助犬効果を、だ液のコルチゾール分泌で測定する

・Police Dog Trained to Sniff Out Cancer
Los Angeles Times. 1996. https://www.latimes.com/archives/la-xpm-1996-01-21-mn-27027-story.html
警察犬が黒色腫がんを発見する？

・Evidence for canine olfactory detection of melanoma
Duane Pickel,Glenda P.Manucy,Dianne B.Walker,Sandra B.Hall,James C.Walker
APPLIED ANIMAL BEHAVIOUR SCIENCE
黒色腫を犬の嗅覚で検出できるという証拠

・Olfactory detection of prostate cancer by dogs sniffing urine: a step forward in early diagnosis.
Cornu JN, Cancel-Tassin G, Ondet V, Girardet C, Cussenot O.
Eur Urol. 2011;59(2):197-201.
犬は尿の嗅覚によって人の前立腺癌を発見する：早期診断の第一歩

・Cancer odor in the blood of ovarian cancer patients: a retrospective study of

detection by dogs during treatment, 3 and 6 months afterward.
Horvath György, Andersson Håkan, Nemes Szilárd
BMC cancer 2013Aug 26 PMID:23978091 DOI:10.1186/1471-2407-13-396
卵巣がん患者の血液を用いて、訓練犬によるがん検出可能性を、治療中と３ないし６カ月後の状況を後追い調査で明確にする

・Human Ovarian Carcinomas Detected by Specific Odor
Horvath, György, Järverud, Gunvor Af Klinteberg, Järverud, Sven, Horváth, István
Integrative Cancer Therapies 2008;7(2):76-80
犬が特定の臭いによって人間の卵巣癌を発見する

・Olfactory detection of human bladder cancer by dogs: proof of principle study
Carolyn M Willis,Susannah M Church,Claire M Guest,W Andrew Cook,Noel McCarthy,Anthea J Bransbury, Martin R T Church,John C T Church
Papers
人間の膀胱癌を犬が嗅覚で検出できる原理研究

・Scent-Trained Dog Detects Thyroid Cancer in Human Urine Samples
Aaron Lohr
THE ENDOCRINE SOCIETY(2015)
訓練された犬が、人の尿を用いて甲状腺癌を発見する

・Diagnostic accuracy of canine scent detection in early- and late-stage lung and breast cancers.
McCulloch M, Jezierski T, Broffman M, Hubbard A, Turner K, Janecki T.　Integr Cancer Ther. 2006;5(1):30-39.
肺がんと乳がんの早期と進行がんの犬による呼気診断精度

・Canine olfactory detection of cancer versus laboratory testing: myth or opportunity?
Lippi G, Cervellin G.
Clin Chem Lab Med. 2012;50(3):435-439.
臨床検査による癌の発見と犬の嗅覚による発見は神話か現実か？

・Seizure-alert dogs — fact or fiction?
Val Strong, Stephen W. Brown & Robin Walker
Seizure 1999;8:62–65
人のてんかん発作を警告する訓練犬、真実か？

・Can seizure-alert dogs predict seizures?
Stephen W. Brown, Laura H. Goldstein
Epilepsy Res,97(3),236-242
犬は、てんかんを警告できるか？

・Effect of trained Seizure Alert Dogs on frequency of tonic-clonic seizures.
Strong V, Brown S, Huyton M, Coyle H.
Seizure. 2002;11(6):402-405.
人間の強直性てんかん発作を事前認識し警告してくれる訓練犬の効果

・Investigation into the Value of Trained Glycaemia Alert Dogs to Clients with Type I Diabete
Rooney NJ, Morant S, Guest C.
PLoS One. 2013 Aug 7;8(8):e69921. doi: 10.1371/journal.pone.0069921. eCollection 2013.
訓練を受けた犬が、人のⅠ型糖尿病患者の血糖値を認知して警告する

・Human-Animal Interaction Research in School Settings:Current Knowledge and Future Directions
Nancy R. Gee, James A. Griffin, Peggy McCardle
AERA Open.July-September 2017,Vol.3,No.3,pp.1-9
学校現場における人間 - 動物の相互作用の研究：現状の蓄積と将来の方向性

・Animal-Assisted Interventions in the Classroom— A Systematic Review
Victoria L. Brelsford , Kerstin Meints , Nancy R. Gee and Karen Pfeffer
International Journal of Environmental Research and Public Health
学級での動物介在療法効果、文献レビュー

・Children Reading to Dogs: A Systematic Review of the Literature.
Hall SS, Gee NR, Mills DS.
PLoS One. 2016 Feb 22;11(2):e0149759. doi: 10.1371/journal.pone.0149759. eCollection 2016.
犬に対する子供たちの読み聞かせ：研究論文のレビュー

<英国ウォルサムペット研究所報告書以外の海外で発表された論文>

・Companion Animals and Child/Adolescent Development: A Systematic Review of the Evidence
Rebecca Purewal, Robert Christley, Katarzyna Kordas, Carol Joinson, Kerstin Meints, Nancy Gee, and Carri Westgarth
International Journal of Environmental Research and Public Health
動物介在による子供と青年の心の成長

・Dogs improve office productivity
More from The Economist My Subscription Log in or register Subscribe
World politics Business & finance Economics Science & technology Culture Blogs Debate Multimedia Print edition Aug 12th 2010
Animal and human behavior Manager's best friend
職場に犬がいると生産性が向上する

・Effects of dog-assisted intervention on behavioural and psychological symptoms of dementia.
Nordgren L, Engström G.
Nurs Older People. 2014 Apr;26(3):31-38.
犬介在療法は、高齢者の認知機能を改善させる

・Early Exposure to Dogs and Farm Animals and the Risk of Childhood Asthma.
Fall T, Lundholm C, Örtqvist AK, Fall K, Fang F, Hedhammar Å, Kämpe O, Ingelsson E, Almqvist C.
JAMA Pediatr. 2015;169(11):e153219.
犬と家畜との接触で、喘息リスクが低下

・Effect of Pet Insects on the Psychological Health of Community-Dwelling Elderly People: A Single-Blinded, Randomized, Controlled Trial.
Ko HJ, Youn CH, Kim SH, Kim SY.
Gerontology. 2016;62(2):200-209
ペットを飼う韓国の高齢者での介入効果は、うつと認知症を共に、予防する？

・Dog ownership and the risk of cardiovascular disease and death – a nationwide cohort study
Mwenya Mubanga, Liisa Byberg, Christoph Nowak, Agneta Egenvall, Patrik K. Magnusson, Erik Ingelsson, and Tove Fall

Sci Rep. 2017; 7: 15821. Published online 2017 Nov 17. doi:10.1038/s41598-017-16118-6
スウェーデン（40-80 歳 343 万人 12 年追跡調査） ペットを飼うと長生きする

・Dog Ownership and Mortality in England: A Pooled Analysis of Six Population-based Cohorts.
Ding D, Bauman AE, Sherrington C, McGreevy PD, Edwards KM, Stamatakis E.
Am J Prev Med. 2018;54(2):289-293.
英国成人　ペットを飼うと長生きする？

・Dog ownership supports the maintenance of physical activity during poor weather in older English adults: cross-sectional results from the EPIC Norfolk cohort.
Wu YT, Luben R, Jones A,.
J Epidemiol Community Health. 2017 Jul 24 905-911.
犬を飼う英国高齢者は、天候が悪い場合でも身体活動維持、追跡調査の断面解析

・Minor Immediate Effects of a Dog on Children's Reading Performance and Physiology.
Schretzmayer L, Kotrschal K, Beetz A.
Front Vet Sci. 2017 Jun 15;4:90.
犬を飼うことで子供の読書能力と生理機能に小さな即時効果がある

・Effects of Animal-assisted Activities on Biobehavioral Stress Responses in Hospitalized Children: A Randomized Controlled Study.
Branson SM, Boss L, Padhye NS, Trötscher T, Ward A.
J Pediatr Nurs. 2017;36:84-91.
動物セラピーが入院中小児の生態行動ストレス反応に及ぼす影響　無作為化介入研究

・Long-Term Improvements After Multimodal Rehabilitation in Late Phase After Stroke: A Randomized Controlled Trial.
Bunketorp-Käll L, Lundgren-Nilsson Å, Samuelsson H, Pekny T, Blomvé K, Pekna M, Pekny M, Blomstrand C, Nilsson M.
Stroke. 2017;48(7):1916-1924.
脳卒中患者における多様なリハビリテーション後の長期的な改善　無作為化介入研究

・The Effect of Dog-Assisted Intervention on Student Well-Being, Mood, and Anxiety.
Grajfoner D, Harte E, Potter LM, McGuigan N.
Int J Environ Res Public Health. 2017 5;14(5). pii: E483.
犬が支援する介入が生徒の幸福感、気分、不安に及ぼす影響

・Therapeutic Horseback Riding Crossover Effects of Attachment Behaviors with Family Pets in a Sample of Children with Autism Spectrum Disorder.
Petty JD, Pan Z, Dechant B, Gabriels RL.
Int J Environ Res Public Health. 2017 3;14(3).
自閉症児における治療としての乗馬がペットへの愛着行動に及ぼすクロスオーバー効果

・Childhood Attachment to Pets:Associations between Pet Attachment, Attitudes to Animals, Compassion, and Humane Behaviour.
Roxanne D. Hawkins, Joanne M. Williams, Scottish Society for the Prevention of Cruelty to Animals(Scottish SPCA).
Int. J. Environ. Res. Public Health 2017;14(5):490.
子どもたちのペットへの愛着：ペットへの愛着、ペットへの態度、熱意、人間的な行動

・Animal-assisted therapy in adults: A systematic review.
Charry-Sánchez JD, Pradilla I, Talero-Gutiérrez C
Complementary therapies in clinical practice　2018 Aug
成人に対する動物介在療法効果を総合的にレビュー

・Preliminary efficacy of service dogs as a complementary treatment for posttraumatic stress disorder in military members and veterans.
O'Haire ME, Rodriguez KE.
J Consult Clin Psychol. 2018;86(2):179-188.
軍人と退役軍人での心的外傷後ストレス障害に対する相補的治療法である介助犬の効果

・Animal-Assisted Therapy Supports Student Connectedness.
Fedor Jill
NASN school nurse (Print)　2018Nov01 Vol. 33　issue(6)
動物介在療法は学生のつながりを支えます

- Examining the Effects of a Service-Trained Facility Dog on Stress in Children Undergoing Forensic Interview for Allegations of Child Sexual Abuse.
  Krause-Parello Cheryl A, Thames Michele, Ray Colleen M, Kolassa John
  Journal of child sexual abuse　2018　Apr01　Vol. 27　issue(3)
  児童性的虐待医学的インタビューでの訓練犬によるストレス軽減効果

- Vegetative symptoms and behaviour of the therapy-accompanying dog of a chronically suicidal patient.
  Sarlon J, Staniloiu A, Schöntges A, Kordon A.
  BMJ Case Rep. 2018 Aug 27;2018. pii: bcr-2018-225483.
  慢性的な自殺企図者への犬介在療法による栄養と行動の効果

- Randomized controlled study on the effectiveness of animal-assisted therapy on depression, anxiety, and illness perception in institutionalized elderly.
  Ambrosi Caterina, Zaiontz Charles, Peragine Giuseppe, Sarchi Simona, Bona Francesca
  Psychogeriatrics : the official journal of the Japanese Psychogeriatric Society 2018 Sep16
  施設入所高齢者のうつ病、不安、病気の知覚に対する動物介在療法の有効性に関する無作為化制御研究

- Pet-keeping in early life reduces the risk of allergy in a dose-dependent fashion.
  Hesselmar B, Hicke-Roberts A, Londell AC, et al.
  PL.os-One. 2018;13(12):e0208472
  出生後早い時期からペットを飼育することは、その曝露量に基づいてアレルギーになるリスクを減少させる

- The effect of a pet therapy and comparison intervention on anxiety in hospitalized children.
  Hinic Katherine, Kowalski Mildred Ortu, Holtzman Kristin, Mobus Kristi
  Journal of pediatric nursing　2019 Mar07 Vol.46
  入院小児の不安に対するペット療法と比較介入効果

- Effects of pets versus people visits with nursing home residents
  Patricia Lutwack-Bloom, Rohan Wijewickrama, Betsy Smith
  Journal of Gerontological Social Work, 2005;44(3/4):137-159.
  ナーシングホームへの訪問効果　犬 VS 人

・Influence of companion animals on the physical and psychological health of older people: an analysis of a one-year longitudinal study
Parminder Raina, David Waltner-Toews, Brenda Bonnett, Christel Woodward, Tom Abernathy
Journal of the American Geriatrics Society. 1999; 47(3): 323-329
高齢者の心身の健康へのコンパニオンアニマルの影響：１年間にわたる縦断研究

・The role of pet dogs in casual conversations of elderly adults
John Rogers, Lynette A. Hart, Ronald P. Boltz
The journal of social psychology. 2001; 133(3): 265-277
高齢者の日常会話におけるペット犬の役割

・The pet connection: Pets as a conduit for social capital?
Lisa Wood, Billie Giles-Corti, Max Bulsara
Social Science & Medecine. 2005;61:1159-1173
ペットとのつながり：社会資本のルートとしてのペット

・Impact of pet ownership on elderly Australians' use of medical servises: an analysis using Medicare data
Anthony F Jorm, Patricia A Jacomb, Helen Christensen, Scott Henderson, Alisa E Korten, Bryan Rodgers
The medical journal of Australia. 1997;166:376-377
ペット飼育がオーストラリア人高齢者の医療サービス利用に与える影響：医療データの分析

・Loneliness and pet ownership among single women
R Lee Zasloff, Aline H Kidd
Psychological Reports, 1994;75:747-752.
独身女性の孤独感とペットの飼育

・Factors associated with dog ownership and contact with dogs in a UK community
Westgarth C, Pinchbeck GL, Bradshaw JW, Dawson S, Gaskell RM, Christley RM.
BMC Vet Res. 2007 Apr 3;3:5.
イギリス社会における犬飼育および犬との触れ合いに関連する要因

・The impact of Dog Walking on Leisure-Time Physical activity: Results From a

Population-Based Survey of Michigan Adults
Mathew J. Reeves, Ann P. Rafferty et al.
Journal of Physical Activity and Health, 2011, 8, 436-444
犬の散歩が余暇身体活動に及ぼす影響：ミシガン州の成人への人口調査

・Physiological Effects of Human/Companion Animal Bonding
Baun, M. M., Bergstrom, N., Langston, N. F., Thoma, L.
Nursing Research 1984;33(3):126-129.
人とコンパニオンアニマル間のボンディングによる生理学的効果

・Pet ownership and older woman: the relationships among loneliness, pet attachment support, human social support, and depressed mood
Krause-Parello,C.A.
Geriatric nursing 2012;33(3):194-203.
ペットの飼育と高齢女性：孤独感、ペットへの愛着サポート、人のソーシャルサポート、抑うつ気分の関係

・The Relationship between Caring for Pets and the Two-Year Cumulative Survival Rate for Elderly in Japan
Tanji Hoshi, Maasa Kobayashi, Naoko Nakayama, Miki Kubo, Yoshinori Fujiwara, Naoko Sakurai, Steve Masami Wisham
American Journal of Medicine and Medical Sciences 2017;7(3):156-164

日本語論文

・ペットへの愛着がペットの給餌傾向、ボディ・コンディション・スコア、疾病と予防行動に及ぼす影響
矢野 淳, 勝毛 智子, 大島 奈々
日本獣医師会雑誌（0446-6454）71 巻 7 号 Page361-367.2018.07

・栄養素ゲラニルゲラノイン酸を用いた動物の生産指数向上に関する研究
田端 佑規, 植松 沙也加, 四童子 好廣
ペット栄養学会誌（1344-3763）21 巻 2 号 Page S40-S41.2018.07

・犬猫の健康における腸内細菌叢の役割
深田 恒夫
ペット栄養学会誌（1344-3763）21 巻 2 号 Page S21-S23.2018.07

・イヌとネコの尿糖値測定はデジタル尿糖計によって可能である
樋渡 敬介, 土井 公明, 水野 理介, 横須賀 誠
ペット栄養学会誌（1344-3763）21 巻 2 号 Page102-105.2018.07

・慢性腎臓病のペットにより長く健康に暮らしてもらうために　ヒルズペットニュートリション（PNC）が取り組む慢性腎臓病療法食の開発に関して
キャシー・グロス
ペット栄養学会誌（1344-3763）20 巻 1 号 Page85-87.2017.04

・デグーの高嗜好性食物の検討と食後血糖値への影響
前川 友香里, 鈴木 馨
ペット栄養学会誌（1344-3763）20 巻 1 号 Page7-11.2017.04

・動物看護師の現状と未来の展望
中間 實徳
東亜大学紀要（1348-8414）23 号 Page43-48.2016.09

・全臼歯抜歯を実施した若年性歯周炎の猫 1 例論文
小川 祐生, 八村 寿恵, 山岡 佳代, 和田 慎太郎, 大成 衷子, 網本 昭輝
動物臨床医学（1344-6991）25 巻 3 号 Page097-100.2016.09

・ペットロスに伴う死別反応から医師の介入を要する精神疾患を生じる飼主の割合
木村 祐哉, 金井 一享, 伊藤 直之, 近澤 征史朗, 堀 泰智, 星 史雄, 川畑 秀伸, 前沢 政次

獣医疫学雑誌（1343-2583）20 巻 1 号 Page59-65.2016.07

・「高齢者とペットとの関係」の支援に向けた「長期的視点」に関する予備的考察
加藤 謙介
九州保健福祉大学研究紀要（1345-5451）17 号 Page41-47.2016.03

・犬の飼育から人々が得るもの
小林 真朝
聖路加看護大学紀要 39:1-9.2013.

・【小動物獣医界の新たな動きーよりよい飼育環境を整えていくために】ペットフード協会の取り組み　ペットの頭数の激減期ならびに人口減少、少子化・高齢化時代を迎え、小動物獣医界には新たな動きが、今求められている
越村 義雄
獣医畜産新報 68（7）507-514.2015.

・【小動物獣医界の新たな動きーよりよい飼育環境を整えていくためにー】東京都獣医師会の取り組み
村中 志朗
獣医畜産新報 68（7）495-500.2015

・フェレットが原因抗原と考えられた成人喘息の 3 例
伴 直昭 , 廣瀬 正裕 , 桑原 和伸 , 畑 秀治 , 他
日本職業・環境アレルギー学会雑誌 20（2）69-73.2013

・北海道における気管支喘息児のコントロール状態と自己管理の現状　JPAC の得点による分析
細野 恵子
日本小児アレルギー学会誌 26（4）599-611.2012

・道北地域における気管支喘息児のコントロール状態および養育者が行うセルフ・ケアに関する実態調査　郡部と都市部との比較
細野 恵子 , 平野 至規 , 今野 美紀 , 蝦名 美智子
名寄市立病院医誌 19（1）12-16.2011

・小児期における気道系アレルギーに関する調査研究
岡本 陽子 , 中桐 佐智子

インターナショナル Nursing Care Research9（4）

・地域連携を担当している看護師への『動物とのふれあい』に関する意識調査
熊坂 隆行 , 升 秀夫 , 片岡 三佳 , 中村 幹
日本看護学会論文集 : 看護総合 39:263-265.2008

・小動物心電図の遠隔診断による未病学的診断
権田 辰夫 , 牧田 登之
未病と抗老化 17（1）108-111.2008

・症例から学ぶ　間質性膀胱炎における心理的背景
山田 哲夫
臨床泌尿器科 62（12）975-979.2008

・犬の主たる飼育者の身体活動量と生活習慣病リスクの関係
早川 洋子 , 小野 正人 , 新井 今日子 , 江川 賢一 , 荒尾 孝 , 稲葉 裕
民族衛生 74（2）45-54.2008

・小児気管支喘息の家庭内における環境整備対策
岩鼻 かなみ , 村上 京子 , 辻野 久美子 , 宗國 敦子 , 他
小児保健研究 67（3）446-452.2008

・ペット動物における病原大腸菌の保有実態調査
畠山 薫 , 奥野 ルミ , 小西 典子 , 下島 優香子 , 他
東京都健康安全研究センター研究年報 57:77-81.2007

・飼育犬および飼い主における下痢菌伝播に関する調査
高山 直秀 , 杉山 和寿 , 高橋 英雄 , 羽原 弦史 , 他
Progress in Medicine27（2）421-424.2007

・福井県における動物由来感染症の実態と対応
岡田 晃斉 , 佐藤 亜矢子 , 長澤 誠司 , 吉田 也恵
大原綜合病院年報 46:5-10.2006

・愛玩動物におけるヒト腸管系ウイルスの保有状況に関する調査研究
杉枝 正明 , 足立 聡 , 稲吉 恵 , 三輪 好伸 , 増田 高志
静岡県環境衛生科学研究所報告 48:19-22.2006

・【住環境と感染・アレルギー】シックハウス症候群
西條 泰明, 岸 玲子
化学療法の領域 23（4）563-570.2007

・コンパニオン・アニマルが飼主の主観的幸福感と社会的ネットワークに与える影響
金児 恵
心理学研究 77（1）1-9.2006

・職場ストレス緩和へのペットの介在効果　気分プロフィール検査による実験的検証
小川 家資
Health Sciences 22（2）227-239.2006

・ペット型ロボットを用いた個別アクティビティにおける高齢者の精神的変化
鈴木 みずえ, 金森 雅夫, 田中 操, 大城 一
老年精神医学雑誌 15(1)68-75.2004

・【ペットを介する病気】ペットを介する子どもの病気
佐藤 克, 高山直秀
小児科 44（5）761-770.2003

・健康で快適な居住環境の確保のための住環境実態調査(ダニ・ダニアレルゲン・ホルムアルデヒド)
山田 裕子, 山本 孝明, 高岡 正敏
生活と環境 47（6）76-83.2002

・アレルギー性鼻炎患者の家庭内における環境対策(Der 1,Der 2 量)
穂永 美恵子, 荻野 敏, 立石 玉樹, 福録 恵子, 他
Progress in Medicine21（12）2889-2894.2001

・【高齢者にみられる皮膚病変への対応】主な皮膚疾患とその対応　動物性皮膚疾患　疥癬, 毛虫皮膚炎等
池田 美智子, 南光 弘子
臨床と薬物治療 20（3）244-247.2001

・在宅高齢者におけるコンパニオンアニマルの飼育と手段的日常生活動作能力(Instrumental Activities of Daily Living;IADL)との関連　茨城県里美村における調査研究
齊藤 具子, 岡田 昌史, 上地 勝, 菊池 和子, 他

日本公衆衛生雑誌 48（1）47-55.2001

・【治り難いアトピー性皮膚炎】アトピー性皮膚炎におけるダニ学
久米井 晃子 , 岩脇 明英
アレルギーの臨床 19（5）385-390.1999

・ペットアレルギーの現在の状態―田園領域で生活している健康な人及び都市領域で生活している喘息患者によるペット飼育状態の比較に基づいて―
Okumura Etsushi, Kurishita Kazuyoshi, Nakanishi Yoshihiko, 他
Bulletin of the Osaka Medical College 43（2）61-66.1997

・離島診療所における小動物刺咬症例の臨床的検討
水関 清
公衆衛生 9（11）821-825.1991

・サルモネラ健康保菌者とペット用カメ飼育との関係に関する調査
小野川 尊 , 天野 祐次
日本公衆衛生雑誌 3：146-150.1988

・全国犬猫飼育実態調査
日本ペットフード協会 (2019)

・犬猫を飼育する高齢者における 13 年後の要介護度予防効果
The role of the prevention of the bed-ridden status by caring for dog and cat for 13 years among community-dwelling older Japanese
星 旦二、櫻井 尚子、谷口 優、山本 和弘、藤原 佳典
社会医学研究．第 35 巻 2 号．Bulletin of Social Medicine, Vol.35（2）2018

・我が国の高齢者における犬猫飼育と二年後累積生存率
The relationships between caring for pets and the two year cumulative survival rate for the elderly in Japan
星 旦二、望月 友美子
社会医学研究．第 33 巻 1 号．Bulletin of Social Medicine, Vol.33(1)2016

・我が国の高齢者における犬猫飼育と二年後累積生存率
The Relationship between Caring for Pets and the Two-Year Cumulative Survival Rate for Elderly in Japan
Tanji Hoshi, Maasa Kobayashi, Naoko Nakayama, Miki Kubo,Yoshinori Fujiwara,

Naoko Sakurai, Steve Masami Wisham
American Journal of Medicine and Medical Sciences 2017, 7(3): 156-164

・動物介在療法に関する世代別研究報告　ペットが子どもの健康や成長に果たす役割
山本 和弘
動物介在療法に関する世界研究論文レビュー報告書：ペットフード協会研究委託事業 2020 年

・動物介在療法に関する世代別研究報告　ペットが高齢者の健康維持に果たす役割
小林 真朝
動物介在療法に関する世界研究論文レビュー報告書：ペットフード協会研究委託事業 2020 年

・小児病棟における動物介在療法研究　アニマルセラピーは、小児がん患者にオキシトシン分泌を促し、心の癒しをもたらす！
角田 治美、龍 由季乃、夏目 百合子、佐々木 拓也、木俣 新、柴内 裕子、中島 弥生、井上 富美子、上田 紀江、安藤 久美子、古舘 和希、種山 雄一、落合 秀匡、沖本 由里、太田 光明
動物介在療法に関する世界研究論文レビュー報告書：ペットフード協会研究委託事業 2020 年

以上の文献名とその要約は、ペットフード協会研究委託事業2020年「動物介在療法に関する世界研究論文レビュー報告書」にまとめられています。

おわりに

ペットがもたらす健康効果ということに興味を持ったのは、２０数年前であった。その当時は単なる興味という程度で、積極的に資料を探して、その研究の起源や理由を知ろうとするまでには至らなかった。しかし、２０１５年一般社団法人ペットフード協会会長に就任して、すぐに犬飼育頭数の大幅な減少傾向が続く問題に直面し、その課題について真剣に取り組まざるを得ない状況になった。課題を調べていく中、先進国で日本のように犬や猫の飼育率が低く、しかも犬の飼育頭数が激減している国もない事が分かった。原因が多々ある中で、狩猟民族でない日本人と動物の関係の希薄さにも原因があるような気がした。

西欧諸国で犬は長い間人間とともに暮らし、選抜淘汰され使役犬としてその役割を果たして来た。その役割が多岐にわたっていたことは世界最大の犬種登録団体であるFCI（Fédération Cynologique Internationale）に於いて３４３犬種が固有の特性を持った犬種として登録されている事でもわかる。しかし文明の発達とともに、ごく一部の犬種を除いて、次第に使役犬としての歴史的役割を失った。

１９７０年代になると、西洋では人と犬の関係を使役犬という角度以外の観点から研究の対象にし始めたが、使役犬の歴史が殆どな

く犬との関係が希薄な日本では、この分野の研究は殆どなされてこなかった。そのような中、２０１５年７月に「The Benefits of Pet Catalogue」という人と動物の関係学の文献レビューが英国ウオルサムペット研究所から内部資料として出版され、その資料を見るとペットがもたらす種々の健康上の恩恵が系統的に分類されていた。文献レビューの医学的価値を東京都立大学名誉教授星旦二先生にお訊きしたところ、日本の医学分野では犬がもたらす健康効果の研究等は殆どなく、たとえ多くの研究が海外に存在しても、犬の医学的健康効果自体が認知されていない日本では、そのようなことに関心を持つ医学関係者もいないであろうという意見であった。しかし、犬がもたらす人への健康上の恩恵を社会が認識しない限り、日本の動物愛護法が標榜する「国民の間に動物を愛護する気風を招来し、生命の尊重、友愛及び平和の情操の涵養に資するとともに‥‥、人と動物の共生する社会の実現を図ることを目的とする」という社会的合意形成も難しいかも知れないという思いで、星先生に要約をお願いしたところ快諾して頂き、今回の出版にこぎつけることが出来た次第である。

末筆であるが要約の労を引き受けていただいた星先生並びに協力をしていただい皆様に心から感謝の意を表する次第である。

２０２０年10月

一般社団法人ペットフード協会

会長　石山　恒

委員一覧（敬称略）

研究会総括　星　旦二　東京都立大学・名誉教授

研究委員

谷口　優
国立環境研究所・環境リスク
健康研究センター・主任研究員

山本　和弘
帝京科学大学生命環境学部
アニマルサイエンス学科・准教授

小林　真朝
聖路加国際大学大学院看護学研究科・准教授

柴内　裕子
赤坂動物病院・総院長

藤原　佳典
東京都健康長寿医療センター研究所・部長

西村　亮平
東京大学大学院農学生命科学研究科・教授

ペットがもたらす健康効果

2020 年 10 月 20 日　初版発行

［編　著］　人と動物の関係学研究チーム

［発　行］　株式会社　社会保険出版社
〒 101-0064　東京都千代田区神田猿楽町 1-5-18
電話（03）3291-9841（代表）

［協　力］　一般社団法人 ペットフード協会
（一般社団法人 ペットフード協会ホームページ https://petfood.or.jp）

落丁、乱丁のある本はおとりかえいたします。

本書の内容は著作権法によって保護されています。本書の全部または一部を複写、複製、転載すること（電子媒体の加工を含む）を禁じます。